Hallo ____________________ !

(dein Name)

Bist du in der 4. Klasse und möchtest nach der Grundschule gern ins Gymnasium gehen? Brauchst du dafür im Fach Mathematik noch bessere Noten?

Kein Problem! Dieses Übungsbuch unterstützt dich auf deinem Weg ins Gymnasium und hilft dir, deine Noten in Mathematik zu verbessern. Du kannst mit diesem Buch ganz gezielt üben – such dir einfach das Thema aus, das du trainieren möchtest, und los geht's.

In jeder Lerneinheit wirst du Schritt für Schritt an das Thema herangeführt. Regeln im blauen Kasten helfen dir, dich an das Wichtigste zu erinnern. Du kannst aber auch gleich mit den Aufgaben beginnen und die Regel erst dann lesen, wenn du unsicher bist.

Zu jedem Thema findest du am Ende Aufgaben mit Zeitangaben, die dir zeigen, ob du schon fit fürs Gymnasium bist. Leg dir zum Lösen dieser Aufgaben ein eigenes Heft an. Wenn du ein Thema bearbeitet hast, kannst du im Inhaltsverzeichnis abhaken, ob du fit fürs Gymnasium bist oder ob du den Stoff noch mal wiederholen möchtest.

4 kleine Tests zeigen dir, wie du stehst. Damit du weißt, wie gut du wirklich bist, kannst du dir für jeden Test eine Note geben. Auf diese Weise kannst du genau sehen, ob du die Note hast, die du fürs Gymnasium brauchst.

Auf deinem Weg ins Gymnasium wünschen wir dir viel Erfolg!

Autoren und Verlag

W0378183

Darstellung großer Zahlen

Mithilfe einer **Stellenwerttafel** können wir Zahlen übersichtlich darstellen.
Wir rechnen im Zehnersystem.
Das bedeutet: immer 10 ergeben ein Neues. Wir bündeln also in Zehnerbündeln. 9 Einer sind 9 Einer, aber 10 Einer werden in 1 Zehner umgetauscht. Ebenso werden 10 Hunderter in 1 Tausender umgetauscht. Übersichtlich dargestellt wird es in der Stellenwerttafel.

M	HT	ZT	T	H	Z	E	
1	3	4	4	4	0	0	= 1 M + 3 HT + 4 ZT + 4 T + 4 H + 0 Z + 0 E = 1 344 400
		5	2	8	7	1	= 5 ZT + 2 T + 8 H + 7 Z + 1 E = 52 871

1 Trage die Zahlen richtig in die Stellenwerttafel ein.

a) 1 HT + 8 E + 1 Z + 3 T + 8 ZT + 4 H

b) 5 E + 3 Z + 8 T + 1 HT + 7 H + 9 ZT

c) 7 Z + 3 E + 5 H + 9 T

M	HT	ZT	T	H	Z	E
	1					

2 Trage die Zahlen richtig in die Stellenwerttafel ein.
Schreibe anschließend die Zahl auf.

a) 4 E + 8 T + 3 ZT

b) 9 T + 3 M

c) 7 Z + 3 E + 5 H + 9 ZT

M	HT	ZT	T	H	Z	E	
							= ______
							= ______
							= ______

3 Schreibe die Zahlen auf.

a) 6 Z + 8 E + 7 H = ______

b) 5 H + 7 E + 3 Z = ______

c) 5 T + 8 E + 2 ZT = ______

d) 6 Z + 3 M + 7 T = ______

4 Trage folgende Zahlen richtig in die Stellenwerttafel ein.

	M	HT	ZT	T	H	Z	E
eine Million vierhundertsieben							
siebenundachtzigtausendneunhunderteins							
neunhundertzweiundzwanzigtausendfünfhundert							
zweihundertsiebzehntausendvierundzwanzig							

5 Bilde Paare. Wie heißt die Vorschrift?

2 800 | 3 H + 1 Z | 2 H + 1 E | 1 T + 4 H | 8 400 | 620 | 4 T + 2 H | 402

Vorschrift: ______________________________

Bist du fit fürs Gymnasium?

6 Schreibe die Zahlen geordnet nach der Größe auf.
Beginne mit der kleinsten Zahl.

a) 6 H + 5 Z; 9 T + 6 H; 2 T + 1 E; 1 ZT + 4 E

b) 9 T + 7 E; 9 ZT + 7 H; 9 M + 7 ZT; 9 H + 7 Z

etwa 4 min

7 Zeichne eine Stellenwerttafel, und trage folgende Zahlen ein:

a) achttausendvierhundertfünfzehn

b) 7 M + 8 E + 6 H

c) 9 000 + 500 + 90 + 2

d) 3 T + 7 E + 9 ZT

etwa 3 min

8 Verdoppele folgende Zahlen:

a) 4 H + 3 T b) 6 T + 7 H c) 5 E + 7 HT

etwa 2 min

9 Halbiere folgende Zahlen:

a) 9 T + 6 H b) 7 T + 4 Z c) 1 M + 3 HT

etwa 2 min

Mithilfe eines **Zahlenstrahles** lassen sich Zahlen sehr schnell ordnen und vergleichen.
Ein Zahlenstrahl weist normalerweise von links nach rechts.
Die größeren Zahlen stehen also meist rechts.
Zwischen den Zahlen ist der Zahlenstrahl in gleich große Einheiten (Zwischenräume) unterteilt.

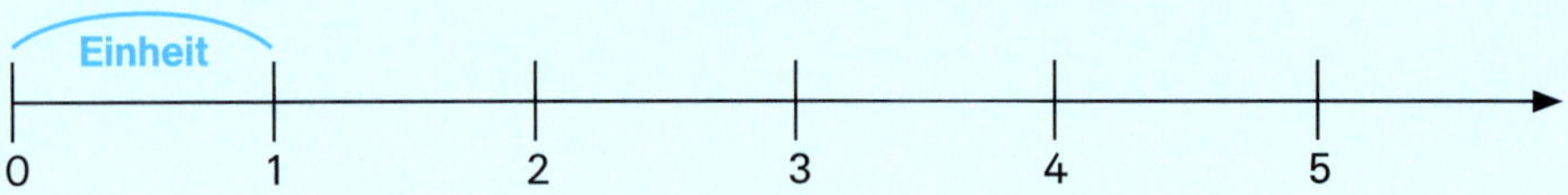

1 Zeichne einen Zahlenstrahl für die Zahlen von 0 bis 10 000. Wähle eine geeignete Einheit.

Tipp: Verwende pro Einheit (Zwischenraum) 1 cm.

2 Zeichne einen Zahlenstrahl für die Zahlen von 0 bis 100 000. Wähle eine geeignete Einheit.

Tipp: Du siehst, der Zahlenstrahl bleibt gleich lang. Die Zwischenräume bleiben gleich, doch die Einheiten werden immer größer.

3 Zeichne einen Zahlenstrahl für die Zahlen von 0 bis 1 000 000.
Wähle eine geeignete Einheit.

4 Was wurde bei diesem Zahlenstrahl falsch gemacht?
Schreibe hier deine Überlegungen auf.

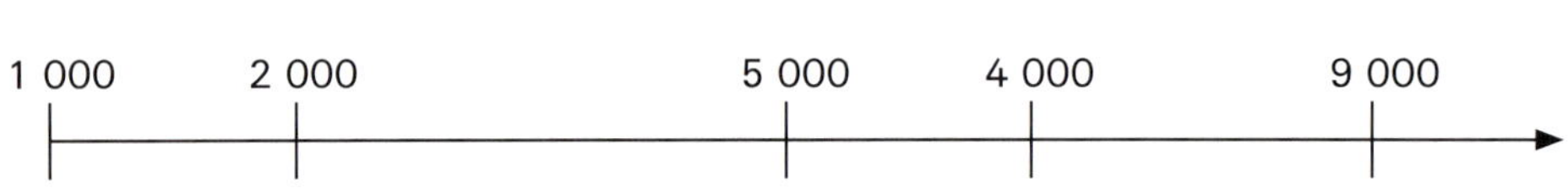

5 Schreibe die Zahlen auf, bei denen die Buchstaben stehen.

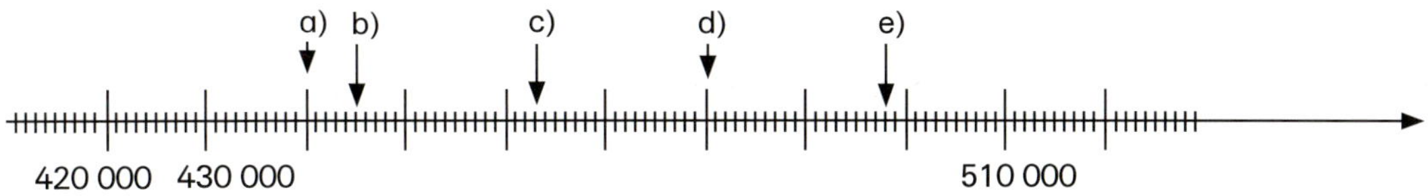

a) ______________

b) ______________

c) ______________

d) ______________

e) ______________

Bist du fit fürs Gymnasium?

6 Zeichne einen Zahlenstrahl von 20 000 bis 30 000. Zeichne folgende Zahlen ein: 21 000, 25 000, 28 500, 29 100. (1 cm soll 1 000 entsprechen.)

etwa 3 min

7 Schreibe die Zahlen auf, bei denen die Buchstaben stehen.

etwa 2 min

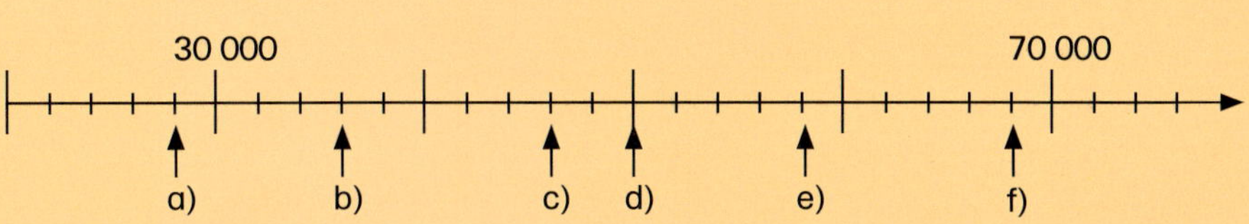

8 Notiere die Zahlen, bei denen die Buchstaben stehen.

etwa 2 min

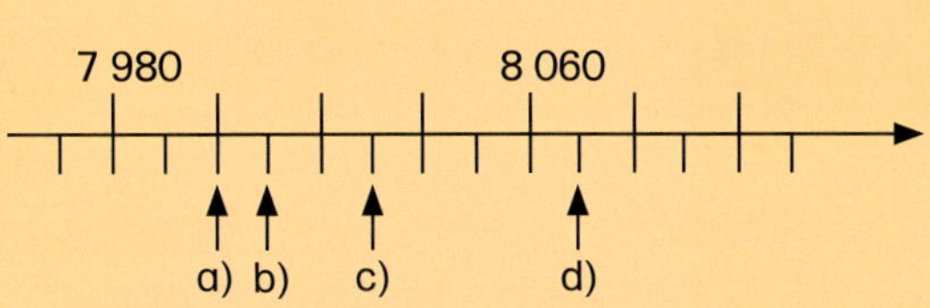

Zahlanordnung am Zahlenstrahl

Der Zahlenstrahl ist eine große Hilfe bei der Darstellung großer Zahlen. Besonders leicht kann man mit dem Zahlenstrahl die **Vorgänger** und **Nachfolger** von Zahlen festlegen.

Das gilt auch für **Nachbarzehner, Nachbarhunderter, Nachbartausender** usw.
Vorgänger ist immer die Zahl, die direkt vor der genannten Zahl steht.
Nachfolger ist immer die Zahl, die direkt nach der genannten Zahl kommt.
Nachbarhunderter können nur Hunderterzahlen sein: 100, 200, 300 ...
Nachbartausender können nur Tausenderzahlen sein: 1 000, 2 000, 3 000 ...

Vorgänger und Nachfolger der Zahl 10 000 sind 9 999 und 10 001.
Nachbarhunderter der Zahl 10 000 sind 9 900 und 10 100.
Nachbartausender der Zahl 10 000 sind 9 000 und 11 000.

1 Trage die fehlenden Zahlen ein!

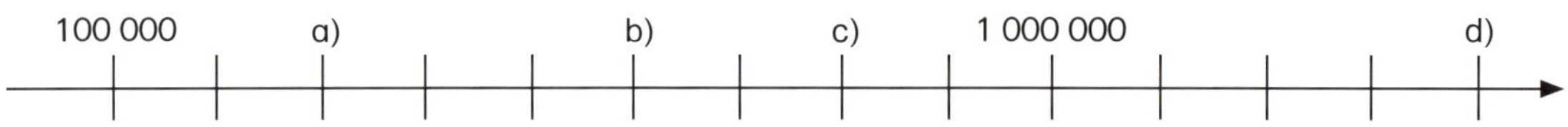

a) 300 000 b) ______ c) ______ d) ______

2 Notiere zu den Zahlen a) bis d) den Vorgänger und den Nachfolger.

	Vorgänger	gesuchte Zahl	Nachfolger
a)			
b)			
c)			
d)			

3 Fülle die Tabelle vollständig aus.

Vorgänger	Zahl	Nachfolger
	320 000	
489 000		
	789 000	
		830 343
	100 000	
999 998		
	477 009	

4 Notiere alle Nachbarhunderter und Nachbartausender der folgenden Zahlen.

Tipp: Egal, ob Nachbarhunderter oder Nachbartausender, alle diese Zahlen haben an den letzten Stellen Nullen.

a)

Nachbar-hunderter	Zahl	Nachbar-hunderter
	301	
	981	
	300	

b)

Nachbar-tausender	Zahl	Nachbar-tausender
	3 567	
	8 973	
	2 000	

5 Hier wurden falsche Nachbarhunderter angegeben.
Setze die richtigen Zahlen in die Tabelle ein.

Nachbar-hunderter	Zahl	Nachbar-hunderter
7 000	7 900	7 900
563 000	563 421	563 430
398 990	398 999	400 000
80 000	84 612	85 000
90	100	1 000

Nachbar-hunderter	Zahl	Nachbar-hunderter
	7 900	
	563 421	
	398 999	
	84 612	
	100	

Bist du fit fürs Gymnasium?

6 Notiere Vorgänger und Nachfolger der folgenden Zahlen.

etwa 3 min

a) 12 898 b) 550 000 c) 1 456 877 d) 99 999

7 Notiere Nachbarhunderter und Nachbartausender der folgenden Zahlen.

etwa 3 min

a) 56 678 b) 879 999 c) 999 898 d) 45 790

8 Zeichne einen Zahlenstrahl, und trage folgende Zahlen ein.
Notiere dann die Nachbarhunderter.

etwa 4 min

a) 250 000 b) 320 000 c) 500 000 d) 680 000

Zahlbildung mit Ziffernkarten

Mit den Ziffern 1, 2, 3, 4, 5, 6, 7, 8, 9 und 0 lassen sich sämtliche Zahlen unseres Zahlensystems bilden.
Einzelne Ziffern stellen als Zahl ihren Ziffernwert dar: Ziffer 8 steht für Anzahl 8.
Bilden allerdings mehrere Ziffern eine Zahl, so erhält jede Zahl durch die Stellung in unserem Stellenwertsystem einen ganz eigenen Wert: Die Ziffern 2 und 0 bilden die Zahl 20. Die Zahl 2 steht in diesem Fall für 2 Zehner, die 0 für 0 Einer, d. h. jede Ziffer hat in diesem Fall eine andere Wertigkeit.

1 Bilde mit den Ziffern 3, 5 und 8 alle möglichen dreistelligen Zahlen.

Tipp: Beginne mit der kleinsten Zahl, und arbeite bis zur größten Zahl weiter.

358 ______ ______ ______ ______ ______

2 Schreibe die Zahl in Ziffern.

a) dreiundzwanzigtausendvierhundertzwei ______

b) fünfhundertachtzigtausendachthundertsiebzehn ______

c) sechshundertfünfundzwanzigtausendvierhundertacht ______

d) vierundzwanzigtausendneunhunderteins ______

3 Schreibe in Worten in dein Heft.

a) 678 900 b) 424 242 c) 787 878 d) 552 255

4 Notiere alle Zahlen zwischen 5 000 und 7 000 mit der Quersumme 7. Ordne sie der Größe nach.

Tipp: Die Quersumme bildest du, indem du die einzelnen Ziffern addierst!

______ < ______ < ______ < ______

______ < ______ < ______ < ______

______ < ______

5 Svenja behauptet, dass sie die Zahl dreiundzwanzig Millionen dreihundertzwanzigtausendzweihundertzweiunddreißig aus drei Ziffern bilden kann. Lügt Svenja? Begründe!

Antwort: ____

____

6 Ich denke mir eine Zahl. Sie liegt zwischen 600 000 und 700 000. Keine der Ziffern ist größer als 6 und kleiner als 6. Wie heißt meine gedachte Zahl?

Antwort: Die gedachte Zahl heißt ____________.

7 Bilde mit den Ziffernkarten [4] [5] und [6] zwei Zahlen, die addiert genau 900 ergeben.
Du kannst jede Ziffer mehrmals verwenden.

Die Zahlen heißen _____ und _____ .

Bist du fit fürs Gymnasium?

8 Bilde mit den Ziffern 5, 6 und 9 alle möglichen dreistelligen Zahlen.
Wie heißt die größte Zahl? Wie heißt die kleinste Zahl?

etwa 3 min

9 Wie viele dreistelligen Zahlen kann man aus den Ziffern [1] [4] [6] bilden? Nenne nur die Anzahl.

etwa 2 min

10 Bilde mithilfe deines Taschenrechners eine 4-stellige Zahl.
Die gesuchte Zahl liegt zwischen 7 000 und unter 8 000.
Sie enthält lauter ungerade Ziffern, die, auf dem Kopf gelesen, das Wort „Esel" bilden. Wie heißt die gedachte Zahl?

etwa 2 min

11 Notiere alle Zahlen zwischen 10 und 99, die als Quersumme 8 haben.

etwa 3 min

Runden großer Zahlen

Beim Runden unterstreichst du immer die Zahl, auf die gerundet werden soll. Dann betrachtest du die Zahl, die rechts von der unterstrichenen Zahl steht. Handelt es sich bei der Zahl rechts daneben um eine 5, 6, 7, 8, 9 wird aufgerundet, bei einer 4, 3, 2, 1, 0 wird abgerundet. Das Zeichen für Runden sind zwei Wellenlinien: ≈

z. B.: Runde die Zahl **4 527** auf Hunderter!

4 527 rechts neben der Hunderterstelle steht eine 2 ⟶ abrunden!

4 527 ≈ 4 500

Runde die Zahl **4 567** auf Hunderter!

4 567 rechts neben der Hunderterstelle steht eine 6 ⟶ aufrunden!

4 567 ≈ 4 600

1 Runde jede Zahl auf volle Tausender.

Tipp: Beim Runden werden alle Stellen hinter der unterstrichenen Zahl Nullen!

3 426 ≈ 3 000

4 839 ≈ ____________

2 917 ≈ ____________

2 Runde auf volle Zehntausender.

Tipp: Beim Aufrunden wird die unterstrichene Zahl um 1 größer!

12 899 ≈ ____________

89 876 ≈ ____________

10 999 ≈ ____________

3 Runde auf volle Hunderttausender.

799 987 ≈ ____________

99 767 ≈ ____________

600 000 ≈ ____________

4 Runde auf volle Millionen.

a) 3 444 444 ≈ ____________

b) 923 876 ≈ ____________

c) 999 999 ≈ ____________

d) 1 900 010 ≈ ____________

5 Wie viel Euro sind mindestens/höchstens auf den Sparbüchern der Kinder?

	kleinstmögliches Guthaben	**gerundetes Guthaben**	**größtmögliches Guthaben**
Jasmin		140 €	
Max		210 €	
Jonas		180 €	

6 Stephan kauft sich für ungefähr 600 Euro ein neues Fahrrad.
Wie viel Euro hat das Fahrrad wahrscheinlich genau gekostet?
Kreuze an! Begründe deine Lösung!

☐ 549 € ☐ 689 € ☐ 655 € ☐ 629 € ☐ 499 €

Antwort: ______________________________

____

Bist du fit fürs Gymnasium?

Tipp: Unterstreiche die Rundungszahl!

7 Runde jede Zahl auf Tausender, Zehntausender, Hunderttausender und Millionen.

etwa 3 min

a) 55 987 b) 443 509 c) 3 d) 2 349 674

8 Die Schüler der Kirchfeldschule haben die Zahl 321 431 auf verschiedene Art gerundet. Welche Rundungszahlen sind aber eindeutig falsch? Kreuze sie an.

etwa 2 min

321 431

☐ 0 ☐ 321 430 ☐ 321 435
☐ 321 400 ☐ 321 442 ☐ 321 000
☐ 300 000 ☐ 320 000 ☐ 300 001

9 Folgende Zahlen wurden auf Zehntausender gerundet. Schreibe jeweils die kleinstmögliche und die größtmögliche Zahl auf, aus denen die gerundeten Zahlen entstanden sein könnten.

etwa 5 min

a) 230 000 c) 490 000 e) 980 000 g) 100 000
b) 870 000 d) 310 000 f) 650 000 h) 10 000

Der Begriff Addition leitet sich von dem lateinischen Begriff „addere" ab und bedeutet so viel wie „hinzufügen". Die Zahlen, die addiert werden, heißen **Summanden**. Das Ergebnis ist dann die **Summe**. Das Gegenteil der Addition ist die Subtraktion. Bei einfachen Aufgaben nutzen wir die Addition im Kopf.

Hilfreich bei der Addition im Kopf kann ein **Zahlenstrich** sein.

Beispiel: 115 + 99 = _____

Wir rechnen: 115 + 100 = 215

Statt der Zahl 99 haben wir die Zahl 100 addiert, das heißt, wir haben uns eine 1 „geliehen". Diese geliehene Zahl muss anschließend vom Ergebnis wieder subtrahiert werden, um auf 99 zu kommen.

115 + 100 − 1 = 214

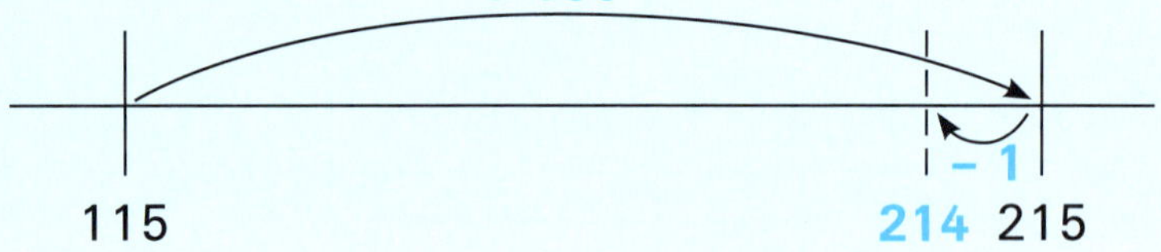

1 Addition ganz leicht.

Tipp: Addiere im Kopf 100, und ziehe die „geliehene" Zahl wieder ab.

a) 235 + 99 = ____________ c) 12 340 + 92 = ____________

b) 1 270 + 96 = ____________ d) 125 590 + 95 = ____________

2 Addition mit kleiner Steigerung.

Tipp: Suche dir den nächsten Hunderter, merke dir die „geliehene" Zahl, und ziehe diese wieder vom Zwischenergebnis ab.

	erster Summand	zweiter Summand	Summe
a)	459	399 (= 400 − 1)	858
b)	732	198	
c)	12 450	390	
d)	23 980	492	

3 Justus spielt mit seinem Freund Dart. Werte die Ergebnisse aus. Wer ist Sieger?

Justus: 98 Punkte, 97 Punkte, 99 Punkte, 95 Punkte

Gesamtzahl: ______ Punkte

Matthias: 99 Punkte, 96 Punkte, 95 Punkte, 99 Punkte.

Gesamtzahl: ______ Punkte

Sieger: ____

4 a) Addiere die Zahlen 148 und 48. ____________________

b) Bilde die Summe aus den Zahlen 421 und 298. ________

c) Addiere zur Summe der Zahlen 198 und 45 die Differenz der Zahlen 312 und 198. ________________________

Bist du fit fürs Gymnasium?

5 Julia denkt sich eine Zahl. Zuerst addiert sie 20, dann dividiert sie durch 7. Sie erhält die Zahl 10. Wie heißt die gedachte Zahl? (Zeichne am besten ein Pfeilbild!)

etwa 3 min

6 Addiere geschickt im Heft.

etwa 6 min

a) 32 + 202 + 68 + 198
b) 1 280 + 35 + 720 + 39 + 65 + 11
c) 971 + 561 + 773 + 681 + 29 + 39 + 127 + 19
d) 1 284 + 685 + 2 411 + 2 345 + 789 + 315 + 16 + 2 655

7 Fülle die Lücken in der Rechenmauer aus.

etwa 2 min

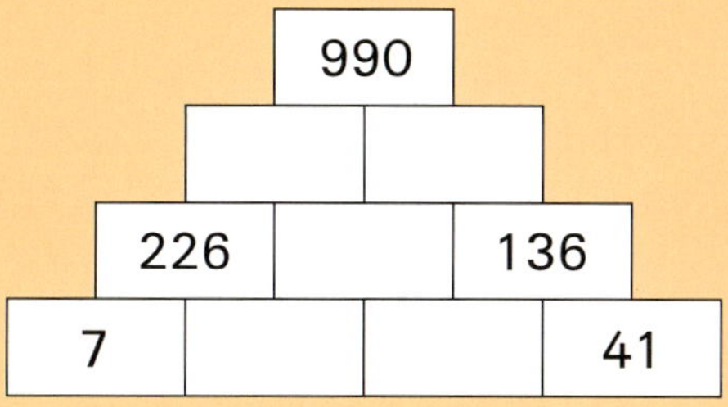

Rechenvorteile nutzen (Addition)

Bei einfachen Additionsaufgaben kannst du im Kopf rechnen. Es gibt hierbei nicht den einen Rechenweg, sondern jeder muss den Weg finden und wählen, der ihm am liebsten ist. Hier findest du zwei verschiedene Rechenwege für eine Aufgabe:

Aufgabe: 24 + 35 = _____

Möglichkeit A:
Addiere zuerst die Zehner, dann die Einer.
20 + 30 + 4 + 5 = 59

Möglichkeit B:
Addiere zur ersten Zahl die Zehner, anschließend die Einer.
24 + 30 + 5 = 59

Beide Möglichkeiten führen zum richtigen Ergebnis.
Wähle den für dich einfacheren Rechenweg.

1 Addition ganz leicht.

a) 456 + 24 = 480
b) 238 + 56 = _____
c) 278 + 135 = _____
d) 178 + 45 = _____
e) 285 + 62 = _____
f) 756 + 87 = _____

2 Weiter geht´s im Kopf.

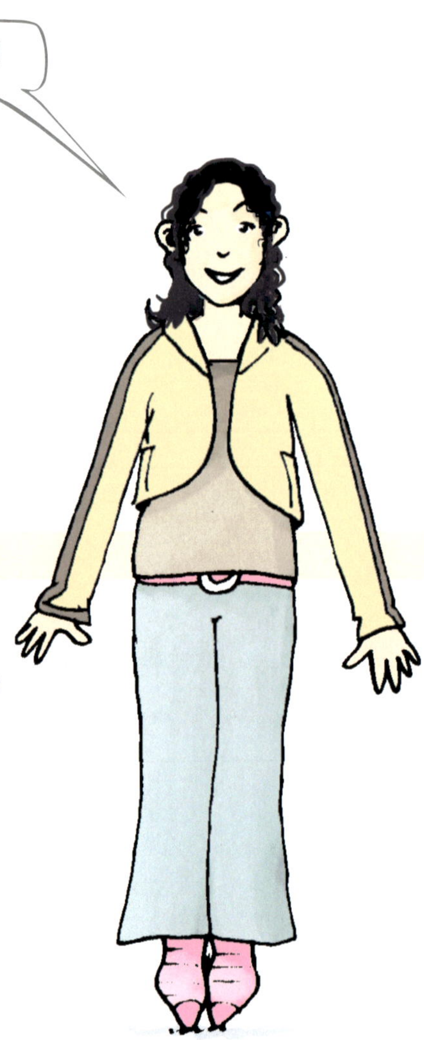

a) 8 600 + 3 400 = _____
b) 9 200 + 3 520 = _____
c) 2 980 + 3 400 = _____
d) 2 500 + 4 100 + 4 230 = _____
e) 7 890 + 2 300 + 1 110 = _____
f) 157 000 + 54 000 + 12 640 = _____

3 Langstreckenaddition:

a) 250 + 320 + 382 + 521 + 860 + 1 200 + 2 450 + 16 500

Ergebnis: _____

b) 340 + 1 250 + 425 + 750 + 2 100 + 135

Ergebnis: _____

c) 240 000 + 24 000 + 2 400 + 240 + 24 + 4 + 2 + 0

Ergebnis: _____

4 Ergänze.

a) 78 —(+ ☐)→ 120

b) 56 —(+ ☐)→ 92

c) 1 290 —(+ ☐)→ 1 615

d) 17 360 —(+ ☐)→ 22 412

5 Nina möchte ihre drei Freundinnen zu jeweils einer Pizza und je einem Getränk einladen. Alle nehmen das gleiche Getränk. Welches Getränk können sie wählen, wenn Nina 25 € dabei hat? Rechne im Heft.

Antwort: ____________________

____

____

Bist du fit fürs Gymnasium?

6 Addition kunterbunt!

etwa 4 min

a) 134 + 278 = ________

b) 134 890 + 2 360 = ________

c) 198 + ________ = 2 450

d) ________ + 3 590 = 6 200

e) 820 099 + ________ = 1 000 000

f) ________ + 34 988 = 100 000

7 Immer zwei Zahlen ergeben im Kopf gerechnet die Summe 480. Schreibe diese in dein Heft.

etwa 6 min

323	155	295	151
185	329	172	325
308	224	191	157
289	89	256	391

8 Suche zwei Zahlen, die die Summe 25 bilden. Die Differenz der beiden Zahlen ist die Zahl 7. Wie heißen die beiden Zahlen?

etwa 4 min

Subtraktion im Kopf

Der Begriff Subtraktion bedeutet so viel wie „abziehen", „den Unterschied berechnen" oder „vermindern". Die Zahl, von der etwas abgezogen wird, heißt **Minuend**.
Der **Subtrahend** ist die Zahl, die abgezogen wird. Die **Differenz** ist der Wert zwischen zwei Zahlen oder auch das Ergebnis der Subtraktion. Das Gegenteil der Subtraktion ist die Addition. Bei einfachen Aufgaben rechnest du die Subtraktion im Kopf.

Hilfreich bei der Subtraktion im Kopf kann ein **Zahlenstrich** sein.

Beispiel: 314 − 98 = _____

Wir rechnen: 314 − 100 = 214

Wir haben anstelle der Zahl 98 die Zahl 100 subtrahiert, das heißt, wir haben uns eine 2 „geliehen". Diese geliehene Zahl muss anschließend wieder zum Ergebnis addiert werden!

314 − 100 + 2 = 216

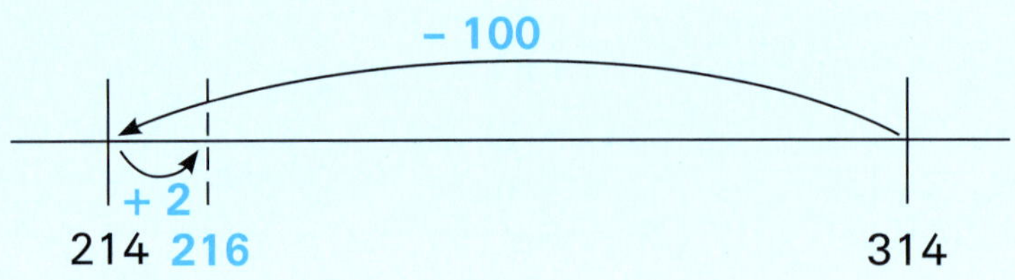

1 Subtraktion ganz leicht.

Tipp: Subtrahiere im Kopf 100, und addiere die „geliehene" Zahl wieder.

a) 894 − 98 = 796

b) 789 − 95 = ____________

c) 23 569 − 94 = ____________

d) 178 982 − 89 = ____________

2 Subtraktion mit kleiner Steigerung.

Tipp: Suche dir den nächsten Hunderter, merke dir die „geliehene" Zahl, und addiere diese wieder zum Ergebnis.

	Minuend	Subtrahend	Differenz
a)	459	299	
b)	875	98	
c)	78 956	888	
d)	298 950	692	

3 Frau Weber kauft für ihre Kinder Skikleidung und neue Ski. Reichen die 370 €, die sie im Geldbeutel hat? Rechne im Kopf.

Skianorak	98 €
Skianzug	87 €
Carving-Ski	93 €
Skihose	89 €

Antwort: ______________________

____

____

4 a) Subtrahiere von der Zahl 345 die Zahl 109. ____________

b) Bilde die Differenz zwischen den Zahlen 459 und 89. ____________

c) Meine Zahl hat an der ersten Stelle eine 5, die zweite Stelle erhältst du, wenn du die Differenz von 67 und 59 errechnest. Die dritte Stelle ist das Dreifache von 2. Wie heißt die gesuchte Zahl? ____________

Bist du fit fürs Gymnasium?

5 Ich denke mir eine Zahl, subtrahiere von dieser Zahl 89, addiere 95, dividiere durch 100, und erhalte 1. Wie heißt meine gesuchte Zahl?

etwa 3 min

6 Bilde Subtraktionsaufgaben.

etwa 4 min

490 872 982 762	−	285 299 292 89	=	477 580 683 401

7 Rechne im Heft.

etwa 4 min

a) 150 − ☆ = 65
☆ − ♥ = 15
♥ − ♥ = 0

b) 480 − ✻ = 260
260 − ✻ = ◈
◈ − ⊙ = 25

c) 150 − 79 = ◗
◗ − 52 = □
□ − 10 = ◆

Rechenvorteile nutzen (Subtraktion)

Wie bei den Kopfrechenaufgaben der Addition gibt es auch bei denen der Subtraktion nicht nur einen einzigen Rechenweg. Suche dir eine Möglichkeit aus, und wende diese bei den einfachen Subtraktionsaufgaben an, um Zeit zu sparen.

Aufgabe: 245 – 72 = _____

Möglichkeit A:
Subtrahiere zuerst die Zehner, dann die Einer.
245 – 70 – 2 = 173

Möglichkeit B:
„Leihe" dir eine Zahl, und addiere diese wieder zum Zwischenergebnis.
245 – 80 + 8 = 173

Auch hier führen wieder beide Möglichkeiten zum richtigen Ergebnis.

1 Subtrahiere sinnvoll. Rechne im Kopf.

Tipp: Schau dir die Regel genau an. Manchmal ist Möglichkeit A, manchmal Möglichkeit B geschickter bei diesen Aufgaben.

a) 854 – 62 = 792
b) 921 – 44 = _____
c) 762 – 144 = _____
d) 863 – 147 = _____
e) 8 720 – 590 = _____
f) 9 200 – 389 = _____

2 Kopfrechnen! Fülle die Lücken aus.

– 32

155	
398	
555	
490	
278	

– 75

344	
522	
821	
123	
701	

– ___

	4 848
3 803	
	1 989
5 000	
7 251	7 209

3 Kommst du ans Ziel? Wie immer im Kopf.

820 → – 210 → – 45 → – 75 → – 180 → – 175 → – 90

Ziel: _____

4 Kreuze die Aufgaben an, bei denen eine Subtraktion im Kopf sinnvoll ist.

☐ 285 – 98	☐ 387 912 – 2 347	☐ 2,40 m – 1,20 m
☐ 4,28 € – 1,22 €	☐ 98 – 19	☐ 783 – 177

5 Christine hat 40 € gespart. Sie kauft zwei Taschenbücher für je 9,80 €, einen bunten Stift für 1,90 €, vier Hefte für je 50 ct und ein Freundschaftsbuch. Sie bekommt 4,50 € zurück. Wie teuer war das Freundschaftsbuch? Rechne im Kopf.

Antwort: ______________________________

____

____

____

Bist du fit fürs Gymnasium?

6 etwa 4 min

a) Subtrahiere von der Zahl 1 345 die Zahl 215.
b) Berechne die Differenz zwischen den Zahlen 342 und 580.
c) Vermindere die Zahl 10 000 um 211.
d) Ziehe von der Zahl achtundsiebzigtausend achttausendvierhundert ab.

7 etwa 3 min

a) 80 – 25 = ✱
✱ – ◈ = ⦿
⦿ – 6 = 2

b) Äpfel minus Sterne ergibt eine Wolke. Eine Wolke entspricht der Anzahl 30.
Für welche Anzahl könnten Äpfel und Sterne stehen?

8 etwa 3 min

Suche die Platzhalter.

a) ☐ – 45 = 134	c) 5 630 – ☐ = 4 200	e) 22 480 – 2 300 = ☐
b) ☐ – 2 800 = 7 450	d) 12 900 – ☐ = 9 350	f) 98 000 – 4 800 = ☐

Schriftliche Addition

Bei der schriftlichen Addition werden die Zahlen, die addiert werden sollen, stellengerecht untereinandergeschrieben. Man beginnt – wie auch bei der schriftlichen Subtraktion – bei den Einerzahlen und rechnet von unten nach oben.

	H	Z	E
	4	5	6
+	3	8	4
	1	1	
	8	4	0

Sprechweise:
4 plus 6 ist so viel wie 10; schreibe 0, übertrage 1.
1 plus 8 plus 5 ist so viel wie 14, schreibe 4, übertrage 1.
1 plus 3 plus 4 ist so viel wie 8, schreibe 8.

1 Löse die Additionsaufgaben.

Tipp: Es kommen auch größere Überträge vor!

a)

	2	4	9	7
+	4	7	8	2

b)

	4	6	3	8
+	8	5	4	1

c)

	1	5	9	4
	3	9	9	9
	2	0	9	5
+	1	8	3	1

d)

	5	7	8	9
	6	7	4	3
	4	3	3	1
	5	6	7	2
+	2	3	2	3

2 Setze die fehlenden Zahlen ein.

Tipp: Schreibe auch die Überträge.

a)

	4	5	2
+			
	9	8	6

b)

+	5	3	2	2
	7	6	9	8

c)

	8		3
+		2	
1	0	8	5

d)

	2	8	9
	3	5	2
+	7	4	2
2	2	2	5

3 Jetzt geht es ganz durcheinander.

a)

		7	8	5
	4		7	1
+	3	4		2
1	0	8	8	

b)

	8	8		9	7
	6		5		6
+		9	9	8	
	3	3	5	5	1

4 Addiere folgende Zahlen.

a) 12 356 + 3 478 + 8 992 + 2 324 + 467 + 3 232 + 1 899 + 23 666
b) 88 999 + 21 367 + 432 + 6 578 + 4 999 + 2 103 + 4 850 + 32

a)

b)

5 Hier gibt es mehrere Möglichkeiten. Suche alle drei Möglichkeiten.

	2		8
+	3		
	5	3	6

	2		8
+	3		
	5	3	6

	2		8
+	3		
	5	3	6

Bist du fit fürs Gymnasium?

6 Addiere folgende Zahlen:

a) 9 889 + 8 998 + 7 889
b) 8 956 + 7 558 + 9 577
c) 8 877 + 9 + 7 970

etwa 5 min

7 Schreibe alle Möglichkeiten für folgende Lückenaufgabe auf. Wie viele Möglichkeiten gibt es?

			5
+		8	7
	5	4	

etwa 5 min

8 Die folgenden Sätze sind falsch. Formuliere richtig.

a) Bei der Addition werden verschiedene Zahlen voneinander abgezogen.
b) Bei der Addition dürfen die Zahlen auf gar keinen Fall in ihrer Reihenfolge vertauscht werden.
c) Der erste Summand und der zweite Summand sind die Differenz der beiden Zahlen.

etwa 3 min

Bei der schriftlichen Subtraktion gibt es zwei Möglichkeiten, Aufgaben zu lösen.
Schau dir beide Möglichkeiten an, und überlege, welche Variante dir besser liegt.

Möglichkeit 1: **Schriftliches Subtrahieren durch Ergänzen**

	8	5	3	2
−	6	2	8	7
		1	1	
	2	2	4	5

Sprechweise:
Wie viel fehlen von 7 auf 2? Das geht nicht! Ich muss die Zahl 2 um 10 erhöhen. Wie viel fehlen von 7 auf 12?
Von 7 auf 12 fehlen 5. (Übertrage 1!)
Wie viel fehlen von 9 auf 3? Das geht nicht! Ich muss die Zahl 3 um 10 erhöhen. Wie viel fehlen von 9 auf 13?
Von 9 auf 13 fehlen 4. (Übertrage 1!)
Wie viel fehlen von 3 auf 5? Von 3 auf 5 fehlen 2.
Wie viel fehlen von 6 auf 8? Von 6 auf 8 fehlen 2.

Möglichkeit 2: **Schriftliches Subtrahieren durch Abziehen**

		4	2	
	8	~~5~~	~~3~~	2
−	6	2	8	7
	2	2	4	5

2 minus 7 geht nicht, ich wechsle einen Zehner in 10 Einer.
12 minus 7 ergibt 5, ich schreibe 5.
2 minus 8 geht nicht, ich wechsle einen Zehner in 10 Einer.
12 minus 8 ergibt 4, ich schreibe 4.
4 minus 2 ergibt 2, ich schreibe 2.
8 minus 6 ergibt 2, ich schreibe 2.

	7	9	
	~~8~~	~~0~~	5
−	3	2	8
	4	7	7

Achtung: Besonderheit bei der Subtraktion mit Nullen!
5 minus 8 geht nicht, von 0 Zehnern kann ich nichts wechseln;
ich wechsle also einen Hunderter in 9 Zehner und 10 Einer.
7 Hunderter bleiben.
15 minus 8 ergibt 7, schreibe 7.
9 minus 2 ergibt 7, schreibe 7.
7 minus 3 ergibt 4, schreibe 4.

1 Subtrahiere die folgenden Aufgaben nach Möglichkeit 1 oder 2.

Tipp: Stehen zwei gleiche Zahlen untereinander, so ist der Unterschied 0.

a)

	6	8	9
−	4	2	5

b)

	3	9	5	4	6	8
−			4	1	0	8

c)

	4	3	7	8	9	2
−	1	1	6	8	4	2

2 Schreibe die folgenden Zahlen richtig untereinander, und subtrahiere.

a) 3 845; 278 b) 7 889 321; 3 657 566 c) 100 000; 43 572

a) −

b) −

c) −

3 Was wurde falsch gemacht? Begründe.

a)

	3	7	8
−	2	1	8
		1	
	5	9	6

b)

	5	6	8	5	4	2
−	1	3	4	6		
			1			
	4	3	3	1	4	2

c)

	6	9	7	5	4
−	8	7	3	2	6
1				1	
	8	2	4	2	8

a) ______________________________

b) ______________________________

c) ______________________________

4 Subtrahiere nun mit mehreren Subtrahenden.

Tipp: Addiere zunächst alle Subtrahenden, und ziehe dann von der größten Zahl ab.

a)

	4	3	7	8	9
−		1	3	5	2
−		1	4	2	5

b)

	9	0	6	0	0	0
−	2	2	5	1	1	1
−	1	6	8	5	8	9

c)

	4	5	5	2	2	1
−	1	8	9	2	0	0
−		8	6	0	2	0

Bist du fit fürs Gymnasium?

5 Schreibe richtig untereinander, und subtrahiere.

a) 2 835 − 2 557 b) 2 036 − 829 c) 2 656 − 707 d) 4 000 − 209

etwa 4 min

6 Versuche, die Aufgabe mit nur zwei Rechnungen zu lösen.

8 987 355 − 3 480 + 20 903 + 280 − 560 + 75 822 − 19 340 + 3 720

etwa 4 min

7 Die folgenden Sätze sind falsch. Formuliere richtig.

a) Bei der Subtraktion steht der Minuend immer an letzter Stelle.
b) Die Subtraktion ist die Umkehrung der Division.
c) Die Reihenfolge von Minuend und Subtrahend ist bei der Subtraktion ohne Bedeutung.

etwa 3 min

Multiplizieren mit und ohne Übertrag

Die Aufgabe 213 · 3 kannst du auf verschiedene Arten rechnen.

halbschriftlich

213 · 3 = 639
3 · 3 = 9
10 · 3 = 30
200 · 3 = 600

oder kürzer

213 · 3
9
30
600
639

oder

213 · 3
639

schriftlich multiplizieren

Beginne bei den Einern, und sprich:
3 · 3 = 9 ⟶ schreibe 9
3 · 1 = 3 ⟶ schreibe 3
3 · 2 = 6 ⟶ schreibe 6

1 Rechne folgende Aufgaben halbschriftlich oder schriftlich:

a) 1 3 1 · 2 b) 3 3 3 · 3 c) 2 1 2 · 4 d) 2 2 3 · 3

Die Aufgabe 263 · 5 kannst du wie oben halbschriftlich rechnen oder schriftlich.

263 · 5
3 1
1315

Beginne mit den Einern:
5 · 3 = 15 ⟶ schreibe 5 ⟶ merke im Übertrag 1
5 · 6 = 30
30 + 1 = 31 ⟶ schreibe 1 ⟶ merke im Übertrag 3
5 · 2 = 10
10 + 3 = 13 ⟶ schreibe 13

2 Rechne folgende Aufgaben halbschriftlich oder schriftlich:

a) 5 3 9 · 6 c) 6 1 4 · 3 e) 7 2 4 · 5 g) 2 9 4 · 4

b) 9 6 6 · 7 d) 4 1 7 · 8 f) 7 1 2 4 · 5 h) 1 2 6 4 · 5

So multiplizierst du zwei größere Zahlen miteinander. Achte darauf, richtig untereinanderzuschreiben!

3	7	5	·	2	4	
		7	5	0		
		1	5	0	0	
		9	0	0	0	
		T	H	Z	E	

Sprich:

2 · 5 = 10 ⟶ schreibe 0 ⟶ merke 1
2 · 7 = 14, 14 + 1 = 15 ⟶ schreibe 5 ⟶ merke 1
2 · 3 = 6, 6 + 1 = 7 ⟶ schreibe 7

4 · 5 = 20 ⟶ schreibe 0 ⟶ merke 2
4 · 7 = 28, 28 + 2 = 30 ⟶ schreibe 0 ⟶ merke 3
4 · 3 = 12, 12 + 3 = 15 ⟶ schreibe 15

3 Rechne ebenso.

a) 5 2 7 · 3 6
c) 9 8 4 · 7 3
e) 2 2 5 · 2 5
g) 6 6 5 · 4 4

b) 4 6 6 · 4 7
d) 9 8 4 · 9 1
f) 5 1 4 · 3 7
h) 1 2 4 · 8 5

Bist du fit fürs Gymnasium?

4 Was machst du hier?

etwa 8 min

a) 33 · 552
b) 47 · 542
c) 27 · 355
d) 13 · 638

Tipp: Wenn du nicht weiterkommst, denk daran, dass Multiplikationsaufgaben Tauschaufgaben sind.
5 · 2 ist das Gleiche wie 2 · 5.

5 Welche Zahlen fehlen? Hier musst du scharf nachdenken!

etwa 10 min

a) ☐ 23 · 2 = 18 ☐ ☐
c) ☐ 47 · 2 = 6 ☐ ☐
e) ☐ 42 · 6 = 38 ☐ ☐
g) ☐ 13 · 8 = 25 ☐ ☐

b) ☐ 71 ☐ · 3 = 111 ☐ 5
d) ☐ 68 ☐ · 7 = 18 ☐ ☐ 1
f) 1 ☐ 55 · 8 = 108 ☐ ☐
h) 3 ☐ 72 · 4 = 138 ☐ ☐

Bei der Aufgabe 2 · 3 = 6 nennt man die 2 und die 3 **Faktoren** oder auch **Multiplikanden**.
Das Ergebnis heißt bei der Multiplikation **Produkt**.

Zehnerzahlen multiplizierst du so:
447 · 40 = 447 · 4 · 10 (da 40 = 4 · 10)

Rechne in zwei Schritten:

447 · 4
1788

1 788 · 10 = 17 880

Oder kürzer, indem du die 0 einfach anschließend anhängst:

447 · 40
17880

1 Rechne folgende Aufgaben wie in der kürzeren Form oben rechts gezeigt.

a) 4 3 9 8 · 5 0

b) 5 8 3 9 · 5 0

c) 6 1 6 5 · 4 0

d) 3 9 5 7 · 4 0

e) 8 9 3 5 · 3 0

f) 8 4 4 6 · 3 0

g) 6 1 9 3 · 7 0

h) 7 8 2 2 · 7 0

Ein **Überschlag** hilft dir, bei Multiplikationen das Ergebnis abzuschätzen und selbst Fehler zu finden.

452 · 7 Überschlag: 400 · 7 = 2 800 oder 500 · 7 = 3 500

Du weißt also vor dem Ausrechnen, dass das Ergebnis bei über 2 800 (und unter 3 500) liegen muss.

2 Mache für folgende Aufgaben erst einen Überschlag, und rechne dann.

a) 2 7 4 · 3

Ü: ____________________

b) 6 6 5 · 4

Ü: ____________________

c) 9 8 4 · 7

Ü: ____________________

d) 4 6 6 · 6

Ü: ____________________

e) 3 2 4 · 5

Ü: ____________________

f) 2 8 4 · 9

Ü: ____________________

Vorsicht mit den Nullen! Denk daran: $4 \cdot 0 = 0$
Ist ein Faktor 0, ist auch das Ergebnis 0.

$$\begin{array}{r} \underline{2401 \cdot 4} \\ 9604 \end{array}$$

3 Rechne und mache zur Sicherheit einen Überschlag.

a) 2 0 1 · 4

Ü: ____________

c) 8 0 4 · 3

Ü: ____________

e) 1 9 0 · 9

Ü: ____________

b) 3 0 6 · 3 0

Ü: ____________

d) 9 4 2 0 · 5 0

Ü: ____________

f) 5 0 2 0 · 2 0

Ü: ____________

Bist du fit fürs Gymnasium?

4 Mit welchen der folgenden Zahlen musst du multiplizieren, damit das Ergebnis stimmt? Trage die Zahlen ein, und überprüfe deine Vermutung.

etwa 4 min

20	30	40	50
200	300	400	500

a) 273 · ☐ = 8 190

c) 425 · ☐ = 17 000

e) 138 · ☐ = 69 000

g) 642 · ☐ = 32 100

b) 321 · ☐ = 64 200

d) 319 · ☐ = 95 700

f) 156 · ☐ = 62 400

h) 872 · ☐ = 17 440

5 Wie heißt die gedachte Zahl?

etwa 4 min

a) Ich denke mir eine Zahl,
multipliziere mit 2,
multipliziere mit 2,
multipliziere mit 2,
dividiere durch 5,
und erhalte 40.

Die Zahl heißt: ____________

b) Ich denke mir eine Zahl,
multipliziere mit 3,
multipliziere mit 2,
subtrahiere 80,
multipliziere mit 3,
und erhalte 300.

Die Zahl heißt: ____________

So dividierst du schriftlich. Um Fehler zu erkennen, mache einen Überschlag.
Achte darauf, richtig untereinanderzuschreiben!

15 386 : 7 = Ü: 14 000 : 7 = 2 000

```
15386 : 7 = 2198
14
 13
  7
  68
  63
   56
   56
    0
```

	Sprich:		**Schreibe:**
	1 : 7	geht nicht	
	15 : 7	geht 2-mal	2
	2 · 7 = 14	bleibt 1	14, Strich 1
	3 runterholen 13 : 7	geht 1-mal	1
	1 · 7 = 7	bleiben 6	7, Strich 6
	8 runterholen 68 : 7	geht 9-mal	9
	9 · 7 = 63	bleiben 5	63, Strich 5
	6 runterholen 56 : 7	geht 8-mal	8
	8 · 7 = 56	bleiben 0	56, Strich 0

1 Überschlage, und rechne dann schriftlich.

a) 6 8 5 : 5 = Ü: 7 0 0 : 5 =

4 6 8 5 : 5 = Ü:

1 9 6 8 5 : 5 = Ü:

b) 1 9 7 4 : 3 = Ü: 1 8 0 0 : 3 =

3 9 4 8 : 6 = Ü:

5 9 2 2 : 9 = Ü:

Vorsicht mit den Nullen! Denke daran:

$4 : 4 = 1 \qquad 1 \cdot 4 = 4$

$0 : 4 = 0 \qquad 0 \cdot 4 = 0$

```
13045 : 5 = 2609
10↓
 30
 30↓
  04
   0↓
  45
  45
   0
```

Sprich:		Schreibe:
1 : 5	geht nicht	
10 : 5	geht 2-mal	2
2 · 5 = 10	bleiben 3	10, Strich 3
0 runterholen		
30 : 5	geht 6-mal	6
6 · 5 = 30	bleiben 0	30, Strich 0
4 runterholen		
4 : 5	geht 0-mal	0
0 · 5 = 0	bleiben 4	0, Strich 4
5 runterholen		
45 : 5	geht 9-mal	9
9 · 5 = 45	bleiben 0	45, Strich 0

Gerade bei den Nullen schleichen sich schnell Fehler ein. Hier ist es besonders wichtig, einen Überschlag zu machen.
Du kannst auch überschlagen, nachdem du gerechnet hast. Dann machst du die Umkehrprobe. Die Umkehrrechnung zur Division ist die Multiplikation.
Für die Rechnung oben geht das z. B. so:

Ü: 2 000 · 5 = 10 000 oder 3 000 · 5 = 15 000, (13 045 liegt dazwischen).

2 Rechne in deinem Heft. Mache am Ende einen Überschlag als Umkehrprobe wie oben im Regelkasten.

a) 30 612 : 6 = ________ b) 42 084 : 7 = ________ c) 45 320 : 4 = ________

28 512 : 3 = ________ 54 108 : 9 = ________ 17 096 : 8 = ________

3 Rechne in deinem Heft. Mache vorher einen Überschlag wie im Regelkasten auf der linken Seite.

a) 16 025 : 5 = ________ b) 23 064 : 3 = ________ c) 80 082 : 9 = ________

50 896 : 8 = ________ 16 052 : 4 = ________ 63 007 : 7 = ________

Wenn eine Rechnung nicht glatt aufgeht, schreibst du den Rest dazu.

7568 : 6 = **1261 Rest 2** oder kürzer **R 2** oder **1 261 + 2 : 6**

```
7568 : 6 = 1261 Rest 2
6
15
12
 36
 36
  08
   6
   2
```

2 : 6 geht nicht, also schreibst du Rest 2

Zur Sicherheit kannst du die Umkehraufgabe machen:

U: 1261 · 6
7566

7 566 + **2** = 7 568

4 Rechne schriftlich wie im Beispiel. Rechne die Umkehraufgabe wie oben gezeigt.

4 3 2 4 9 : 8 =

U:

2 6 5 1 3 : 3 =

U:

6 3 0 3 : 7 =

U:

3 4 2 0 3 : 4 =

U:

5 Welche einstelligen Zahlen teilen 50 ohne Rest?

Antwort: Die Zahlen ______________________ teilen 50 ohne Rest.

6 Hier sind Aufgaben mit Rest. Rechne schriftlich in deinem Heft.

a) 17 033 : 2 = ________
51 805 : 7 = ________

b) 21 322 : 4 = ________
54 099 : 6 = ________

c) 84 281 : 9 = ________
50 255 : 8 = ________

7 Rechne diese Aufgaben mit und ohne Rest schriftlich in deinem Heft. Rechne die Umkehraufgabe dazu wie bei Aufgabe 4.

a) 18 764 : 8 = ________
U: ________
27 693 : 9 = ________
U: ________

b) 27 157 : 4 = ________
U: ________
42 161 : 7 = ________
U: ________

c) 16 320 : 3 = ________
U: ________
57 603 : 6 = ________
U: ________

Bist du fit fürs Gymnasium?

8 Wenn du im Kopf rechnen kannst, schreibe das Ergebnis sofort in dein Heft. Mache einen Überschlag wie bei Aufgabe 1, Seite 30.

etwa 6 min

a) 3 744 : 8
8 864 : 8

b) 6 672 : 3
33 033 : 3

c) 7 063 : 7
43 393 : 7

d) 84 159 : 9
81 081 : 9

9 Vorsicht mit den Nullen in Aufgabe oder Ergebnis! Rechne zur Sicherheit die Umkehraufgabe wie bei Aufgabe 4, Seite 32.

etwa 16 min

a) 9 236 : 4
80 252 : 4

b) 96 240 : 6
84 036 : 6

c) 24 570 : 9
54 675 : 9

d) 75 999 : 7
37 156 : 7

10 Aufgaben mit Rest. Wenn du im Kopf rechnen kannst, schreibe das Ergebnis sofort hin.

etwa 6 min

a) 379 : 3
1 508 : 3

b) 3 201 : 4
20 403 : 4

c) 24 020 : 6
1 795 : 6

d) 5 604 : 5
46 561 : 5

11 a) Welche ein- und zweistelligen Zahlen teilen 80 ohne Rest?

b) Welche Zahlen bis 40 haben durch 6 geteilt den Rest 1?

etwa 4 min

Das Dividieren durch ganze Zehner ist einfach. Vergleiche die beiden Aufgaben.

```
4134 : 3 = 1378
3
11          Ü: 4 200 : 3 = 1 400
 9
 23
 21
  24
  24
   0
```

```
41340 : 30 = 1378
30
113         Ü: 42 000 : 30 = 1 400
 90
 234
 210
  240
  240
    0
```

1 Rechne ebenso. Mache vorher einen Überschlag.

1 7 2 6 : 2 = Ü:

1 7 2 6 0 : 2 0 = Ü:

5 6 9 8 : 7 = Ü:

5 6 9 8 0 : 7 0 =

Ü:

2 Rechne ebenso. Mache vorher einen Überschlag.

6 6 1 5 0 : 9 0 = Ü:

2 7 4 5 0 : 3 0 = Ü:

3 4 0 8 0 : 4 0 = Ü:

5 4 8 1 0 : 7 0 =

Ü:

3 2 7 0 0 : 6 0 =

Ü:

3 Die Elferreihe kennst du sicherlich:

1 · 11	2 · 11	3 · 11	4 · 11	5 · 11	
11	22	33	44	55	...

Rechne die untenstehenden Aufgaben wie in diesem Beispiel in deinem Heft.

```
1419 : 11 = 129
11
 31
 22
  99
  99
   0
```

1 durch 11 geht nicht
14 : 11 geht 1-mal, schreibe 1 im Ergebnis
1 · 11 = 11 bleiben 3 , schreibe 11, Strich 3 usw.

Ü: 1 100 : 11 = 100

2 618 : 11 = ____________ Ü: ____________________

95 216 : 11 = ____________ Ü: ____________________

34 078 : 11 = ____________ Ü: ____________________

3 069 : 11 = ____________ Ü: ____________________

Bist du fit fürs Gymnasium?

4 Rechne die Aufgaben in deinem Heft.

etwa 8 min

a) 21 400 : 50
41 370 : 30

b) 128 040 : 20
222 000 : 40

c) 850 010 : 70
634 230 : 90

d) 646 240 : 80
633 420 : 60

5 Trage die Zwölferreihe in die Tabelle ein. Rechne dann die Aufgaben in deinem Heft.

etwa 10 min

1 · 12	2 · 12	3 · 12	4 · 12	5 · 12	6 · 12	7 · 12	8 · 12	9 · 12	10 · 12

a) 19 152 : 12
42 936 : 12

b) 30 696 : 12
14 808 : 12

c) 9 504 : 12
1 212 : 12

d) 8 796 : 12
6 864 : 12

Verknüpfung von Grundrechenarten

Klammern werden immer zuerst ausgerechnet: $\underbrace{(17 + 3)} \cdot 5 = 20 \cdot 5 = 100$

Punktrechnung kommt immer vor Strichrechnung.

Multiplikation (·) und Division (:) sind Punktrechnungen. Addition (+) und Subtraktion (−) sind Strichrechnungen.

Beispiel: $5 + \underbrace{8 \cdot 3} = 5 + 24 = 29$

1 Rechne aus.

a) $25 + \underbrace{8 \cdot 6}$ = ______

b) $70 + 6 \cdot 80$ = ______

c) $4 \cdot 7 + 4 \cdot 8$ = ______

d) $78 + \underbrace{7 \cdot 9}$ = ______

e) $90 + 30 \cdot 3$ = ______

f) $3 \cdot 5 + 7 \cdot 20$ = ______

2 Mit der Division geht es genauso. Rechne die Aufgaben.

a) $34 + \underbrace{8 : 2}$ = ______

b) $54 + 72 : 9$ = ______

c) $382 - 24 : 8$ = ______

d) $60 - \underbrace{64 : 8}$ = ______

e) $499 - 54 : 9$ = ______

f) $90 : 10 - 16 : 2$ = ______

3 Rechne auch hier.

a) $\underbrace{(100 - 30)} \cdot 3$ = ______

b) $120 : (58 - 38)$ = ______

c) $(7 - 3) \cdot 40$ = ______

d) $\underbrace{(216 - 100)} \cdot 2$ = ______

e) $(316 + 44) : 4$ = ______

f) $400 : (25 - 5)$ = ______

4 Denke auch an die Regel Punktrechnung vor Strichrechnung.

a) $(230 - 30) \cdot 3$ = ______

$230 - 30 \cdot 3$ = ______

b) $8 \cdot 25 - 5$ = ______

$8 \cdot (25 - 5)$ = ______

c) $200 : 20 + 15$ = ______

$200 : (20 - 15)$ = ______

d) $500 : (10 - 5)$ = ______

$500 : 10 - 5$ = ______

5 a) Bilde selbst vier Aufgaben mit den Zahlen und Rechenzeichen, und berechne das Ergebnis. Die Zahlen und Zeichen dürfen mehrfach verwendet werden.

5 10 15 + − · : ( ) =

______________________ ______________________

______________________ ______________________

b) Findest du die Aufgabe mit dem größtmöglichen Ergebnis? Jede Zahl und jedes Rechenzeichen darf nur einmal eingesetzt werden.

____

6 Schreibe Aufgaben mit dem angegebenen Ergebnis, wobei du immer mindestens eine der beiden Regeln der vorherigen Seite anwendest.

20	50	100
(735 − 655) : 4		
1 840 : 2 − 900		

Bist du fit fürs Gymnasium?

7 Rechne in deinem Heft.

etwa 10 min

a) 5 000 − 1 200 : 30

b) 6 360 : 20 − 12 · 12

c) 325 : 5 + 6 601

d) (2 380 − 420) − 70

e) 880 : 80 − 77 : 11

f) (22 000 − 600) : 10

8 Benutze für folgende Aufgaben die Zahlen und Rechenzeichen von Aufgabe 5.

etwa 6 min

a) Findest du die Aufgabe mit dem größtmöglichen Ergebnis, wenn jede Zahl mehrfach, jedes Rechenzeichen nur einmal eingesetzt werden darf?

b) Findest du die Aufgabe mit dem kleinstmöglichen Ergebnis? Jede Zahl und jedes Rechenzeichen darf nur einmal eingesetzt werden.

9 Schreibe in dein Heft je 3 Aufgaben mit dem Ergebnis 75 und 400, wobei du immer mindestens eine der beiden Regeln der vorherigen Seite anwendest.

etwa 10 min

Test: Arithmetik

45 min

Name:	**Klasse:**	**Datum:**

1 Schreibe die Zahlen auf, die anstelle der Buchstaben stehen müssen.

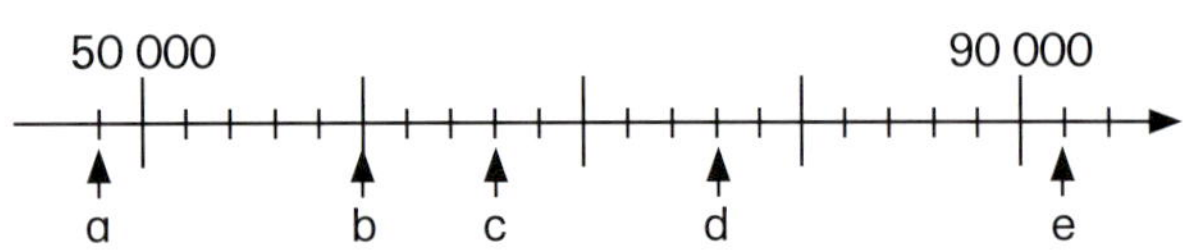

a: ________ b: ________ c: ________ d: ________ e: ________

5 P.

2 Runde jede Zahl einmal auf Tausender, Zehntausender, Hunderttausender und Millionen!

gerundet auf:	**T**	**ZT**	**HT**	**M**
364 023:	________	________	________	________
4 608 571:	________	________	________	________

8 P.

3 Fülle die Lücken der Zahlenmauern.

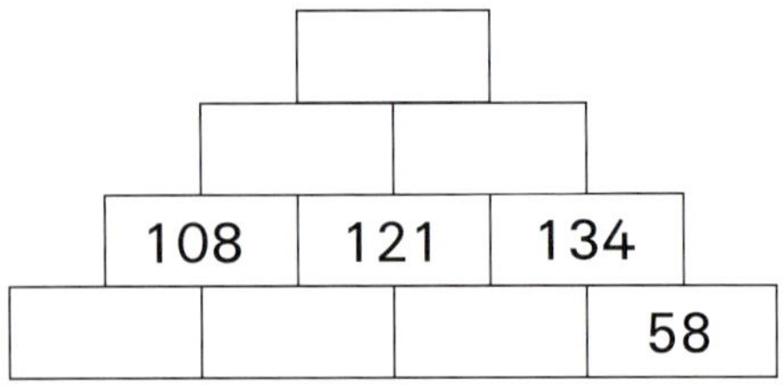

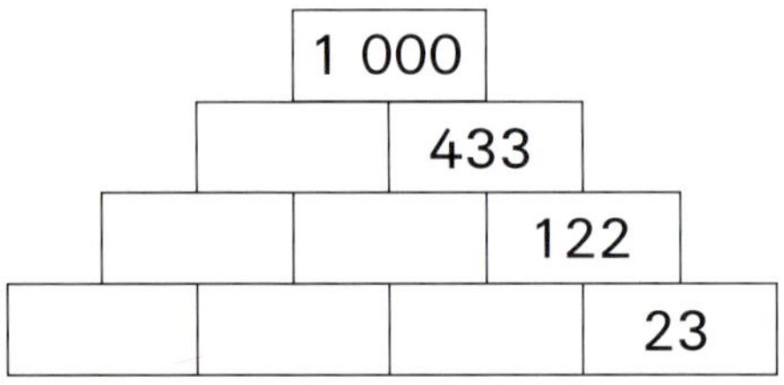

12 P.

4

a) 880 − 76 = ☺ ☺ = ______
☺ − ☼ = ◈ ☼ = ______
◈ − 700 = 49 ◈ = ______

b) 1 000 − ☺ = 667 ☺ = ______
667 − ☼ = ◈ ☼ = ______
◈ − 99 = 500 ◈ = ______

6 P.

5 Plus und minus. Schreibe die richtigen Zahlen in die freien Kästchen.

a)
```
   1 □ 5
+  □ 7 8
--------
   4 1 □
```

b)
```
   □ 3 7
+  2 □ 5
--------
   8 6 □
```

c)
```
   3 □ 7
-  □ 9 □
--------
   1 3 5
```

d)
```
   8 3 6
-  □ 8 □
--------
   5 □ 9
```

12 P.

6 Rechne schriftlich.

a) 2 1 5 · 4 3

b) 8 9 4 · 3 7

c) 5 0 1 · 2 9

6 P.

7 a) Mache einen Überschlag, rechne dann schriftlich in deinem Heft, und schreibe das Ergebnis hier auf.

22 188 : 3 = ____________ Ü: ____________

54 801 : 9 = ____________ Ü: ____________

b) Rechne die Aufgaben mit Rest in deinem Heft, und schreibe das Ergebnis hier auf. Mache zur Sicherheit die Umkehrrechnung.

42 036 : 8 = ____________ U: ____________

64 903 : 7 = ____________ U: ____________

8 P.

8 Rechne folgende Aufgaben. Nutze dabei dir bekannte Rechenregeln.

a) 333 : 3 − 8 · 9 = ____________

b) 3 222 − 1 100 : 50 = ____________

c) (33 800 − 900) : 10 = ____________

6 P.

In dieser Klassenarbeit habe ich ☐ Punkte von insgesamt 63 Punkten erreicht.
Das entspricht der Note ☐. (Schau in den Lösungen auf Seite 23 nach.)

Geld: Maßumwandlungen (€ und ct)

Das Komma bei Geldbeträgen trennt Euro von Cent.
1,52 € = 1 € + 5 · 10-ct-Stücke + 2 · 1-ct-Stücke
1 € oder 1,00 € = 100 ct

1 Trage die folgenden Beträge in die Stellenwerttafel ein. Fülle nicht gebrauchte Stellen mit Nullen auf.

1 000 €	100 €	10 €	1 €	10 ct	1 ct	
0	0	2	7	0	0	a) 27 €
						b) 41 ct
						c) 70 ct
						d) 308 €
						e) neunundneunzig Cent
						f) tausend Euro
						g) 4 €
						h) elf Cent

2 Trage die folgenden Beträge in die Stellenwerttafel ein. Fülle nicht gebrauchte Stellen mit Nullen auf. Schreibe die Werte aus der Stellenwerttafel dann als Kommazahlen auf.

a) 101 ct b) 2 134 ct c) zweihundert Cent d) 16 704 Cent e) 623 801 ct
f) vierhundertsiebzehntausenddreihundertzwanzig Cent g) 1 999 ct h) 1 000 ct

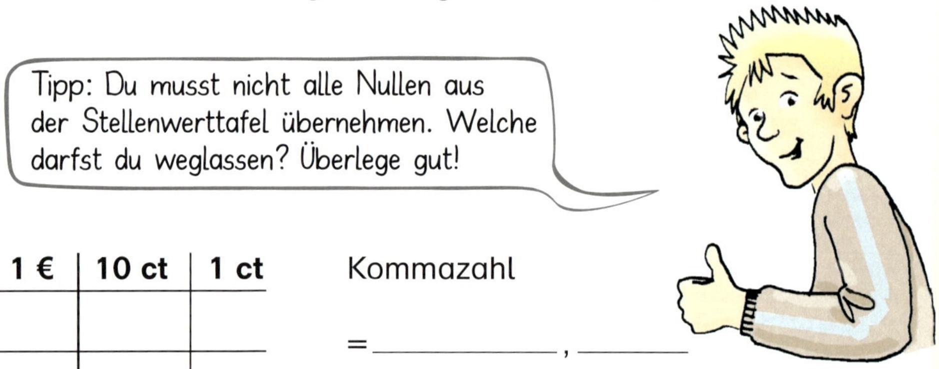

1 000 €	100 €	10 €	1 €	10 ct	1 ct	Kommazahl
						= ______ , ______
						= ______ , ______
						= ______ , ______
						= ______ , ______
						= ______ , ______
						= ______ , ______
						= ______ , ______
						= ______ , ______

3 Trage die folgenden Geldbeträge in die Stellenwerttafel ein, und ordne sie dann als Euro-Betrag der Größe nach. Beginne mit dem kleinsten Betrag:

a) sechshundertvier Cent b) 6 € 40 ct c) 6,14 € d) sechshundertdrei Euro
e) 6,03 € f) sechshundertdreizehn Cent g) 60 ct h) 60,00 €

> Tipp: Lies genau! Zur Sicherheit kannst du die Beträge neben der Stellenwerttafel auflisten, ehe du sie unten auf die Linie schreibst.

1 000 €	100 €	10 €	1 €	10 ct	1 ct

Nach Größe geordnete Beträge:

____

____

Bist du fit fürs Gymnasium?

4 Bilde aus den folgenden 4 Ziffern alle zweistelligen Euro-Beträge (Kommazahlen), die kleiner als 50 € sind, und schreibe sie der Größe nach geordnet auf. Beginne mit dem kleinsten Betrag.

etwa 8 min

2 0 4 9

5 Bilde aus den folgenden Ziffern den zweistelligen Betrag, der
a) 50 € am nächsten ist, b) möglichst nah bei 65,50 € liegt.

etwa 5 min

6 3 7

> Tipp: Um zweistellige Beträge mit 3 Ziffern zu erreichen, darfst du an einer Stelle eine 0 verwenden. Überlege (mithilfe einer Stellenwerttafel), an welcher.

Bei der schriftlichen Addition und Subtraktion musst du **stellengerecht** untereinanderschreiben (Komma unter Komma). Bei der schriftlichen Multiplikation und Division ist es am günstigsten, die Geldbeträge vorher in Cent **umzuwandeln** und das Ergebnis wieder in Euro anzugeben.

1 Schreibe die Preise aus dem Supermarkt untereinander, und addiere sie:

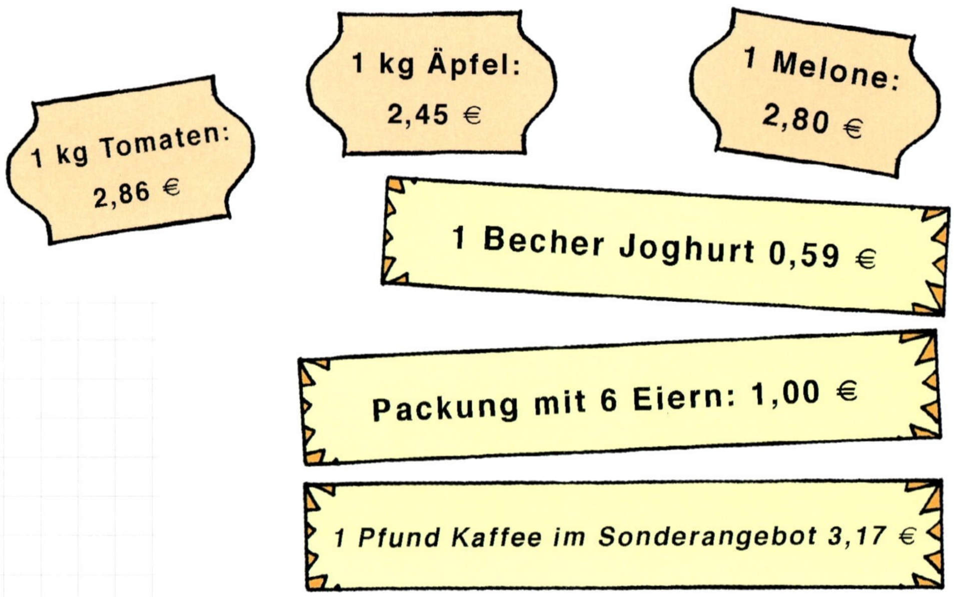

2 Frau Schneider kauft für ein großes Fest 4 kg Tomaten, 8 Melonen, 4 Packungen Eier, 16 Becher Joghurt und 6 Pfund Kaffee. Orientiere dich an den Preisschildern oben.

a) Wie viel Euro bezahlt Frau Schneider jeweils für die Artikel? (Wandle zuerst in Cent um, und rechne dann aus.)

b) Was bezahlt Frau Schneider insgesamt? (Schreibe untereinander, und addiere.)

3 Der Elektromarkt hat 235 MP3-Player eingekauft und bietet sie für jeweils 59,90 € an.

a) Wie viel € nimmt er ein, wenn er alle verkauft?

Antwort: ____

b) Rechne aus: Verkauf in der 1. Woche: 44 Stück
Verkauf in der 2. Woche: 31 Stück
Verkauf in der 3. Woche: 69 Stück
Verkauf in der 4. Woche: 49 Stück

Bist du fit fürs Gymnasium?

4 a) Berechne: ein Viertel von 27 360,40 €; ein Drittel von 3 372,15 €; den achten Teil von 424,32 € und das Neunfache von 1 726,90 €.

etwa 12 min

b) Addiere die Ergebnisse.

c) Subtrahiere vom größten Ergebnis das kleinste.

d) Multipliziere das Ergebnis von Aufgabe 4 b) mit 28.

5 Ein Auto kostet 23 456,80 €. 10 500 € werden angezahlt. Der Rest wird in 8 Raten bezahlt. Wie hoch ist eine Rate?

etwa 6 min

6 Kreise die Fehler ein, und korrigiere:

etwa 4 min

```
   716,45 €
    78,12 €
 1 512,00 €
+    1,27 €
  1 11  1
 2 297,84 €
```

```
  374 226,07 €
– 115 113,36 €
        1
  261 112,71 €
```

Wenn du die Menge von Dingen und deren Preise in einer Tabelle auflistest, hast du einen guten Preisüberblick und kannst außerdem leicht weiterrechnen. Die Regel „Je größer die Menge, desto höher der Preis“ sagt schon aus, wie es geht. Ein Satz wie „Doppelte Menge, doppelter Preis“ gilt in Wirklichkeit nicht immer, aber hier soll es so sein.

1 Für ein Bastelprojekt in der Schule benötigt Marc 5 Holzleisten von je 50 cm Länge. Er geht in den Baumarkt und schaut sich die Preistabelle an:

Länge in m	Preis in €
1	1,20
2	2,40
5	6,00
10	12,00

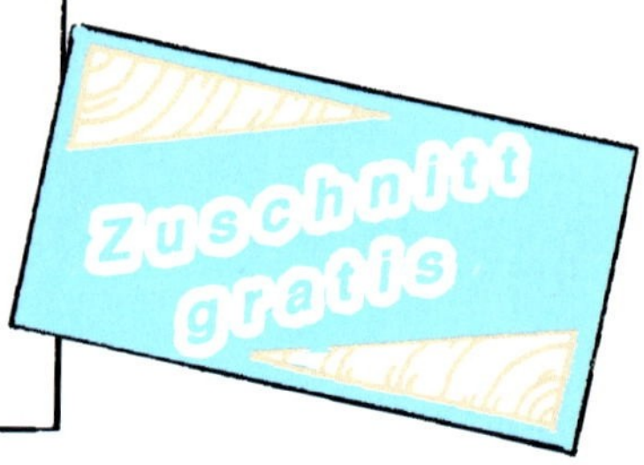

Marc schreibt sich den ersten Teil der Tabelle auf einen Zettel ab, fügt 0,5 m und 2,50 m hinzu und berechnet die Preise. Ergänze auf den Linien, wie Marc gerechnet hat.

	Länge in m	Preis in €	
	1	1,20	
(1 m : 2 =)	0,5	0,60	(= 1,20 € : 2)
	2	2,40	
(2 m + ____ m =)	2,50	3,00	(= ________ + ________)

2 Vervollständige die Preistabelle:

Regalböden

Länge in m	Preis in €
0,25	1,50
0,50	3,00
0,75	
1,00	
1,25	
1,50	
1,75	
3,00	

3 Isa hat folgende Tabelle für das Schulfest angefertigt. Fülle du die Lücken.

Limo								
Anzahl Becher		2		4				
Preis (€)				1,60			2,80	

Tipp: Bei dieser Tabelle stehen die Angaben nicht untereinander, sondern nebeneinander. Das hat aber überhaupt keine Auswirkung auf die Ergebnisse.

4 Führe diese Tabelle logisch weiter:

Wasser								
Anzahl Becher	1	2	3					8
Preis (€)				1,20				

Bist du fit fürs Gymnasium?

Überlege immer, mit welcher Rechenart du von einer Reihe in die nächste kommen kannst. Beginne immer in der Reihe, in der du vollständige Angaben vorfindest!

5 In dieser Tabelle befindet sich ein Fehler. Finde ihn.

Nägel	
Stückzahl	**Preis in €**
50	2,78
100	5,56
200	11,22
400	22,24
800	44,48
1000	55,60

etwa 3 min

6 Ergänze die fehlenden Angaben:

Holzschrauben	
Stückzahl	**Preis in €**
5	
25	1,65
35	
40	
	3,30
	6,60

etwa 5 min

Geld: runden und Überschläge

Beim Einkauf ist es sinnvoll, ungefähr zu wissen, wie viel die Waren im Einkaufswagen wohl kosten. Ohne **Überschlag** kannst du leicht den Überblick verlieren.

Am besten rundest du die Beträge so, dass die Stellen hinter dem Komma wegfallen. Dabei rundest du ab einem Cent-Betrag von 50 ct auf, sonst rundest du ab. Das Zeichen, das zwischen dem genauen und dem **gerundeten**, ungefähren **Wert** steht, ist „≈“.

Beispiel: 2,34 € ≈ 2,00 €   3,95 € ≈ 4,00 €

1 a) Runde selbst weiter:

6,15 € ≈ ______

12,49 € ≈ ______

0,51 € ≈ ______

1,25 € ≈ ______

1,52 € ≈ ______

4,63 € ≈ ______

+ 14,75 € ≈ + ______

b) Bilde Summen: ______ ≈ ______

2 Mutter kauft für Kalles Geburtstagsparty ein:

4 Pakete Luftballons zu je 0,89 €, 16 Trinkpäckchen zu je 59 ct, 6 Tüten Chips zu je 1,21 € und als Preise 8 Bleistifte mit Spitzer und Radiergummi zu je 2,49 €. Kalle hilft seiner Mutter und überschlägt die Preise:

0,89 € ≈ ______ €	4 · ______ € =	______ €
0,59 € ≈ ______ €	16 · ______ € =	______ €
1,21 € ≈ ______ €	6 · ______ € =	______ €
2,49 € ≈ ______ €	8 · ______ € =	+ ______ €

Summe der Überschläge: ______ €

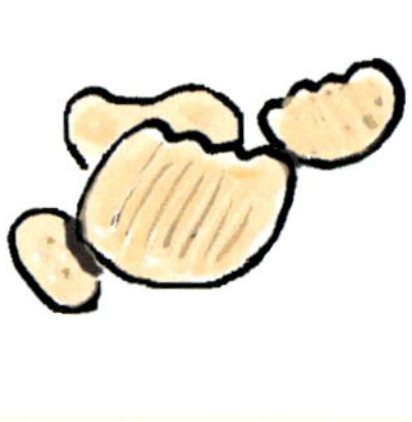

3

Tipp: Bei größeren Beträgen ist eine Rundung nur hinter dem Komma nicht sinnvoll, weil Überschläge stets Kopfrechenaufgaben sind. Hier solltest du auf glatte Euro-Beträge runden, mit denen du gut im Kopf rechnen kannst.

a) Einnahmen beim Schulfest:

Würstchenverkauf:	168,20 € ≈	_________ €
Getränkeverkauf:	212,80 € ≈	_________ €
Losverkauf:	149,50 € ≈	_________ €
Kuchen und Kaffee:	+ 361,70 € ≈	+ _________ €
Summen:	_______ € ≈	_________ €

b) Die Einnahmen werden gleichmäßig auf die 8 Klassen verteilt. Wie viel Euro bekommt jede Klasse ungefähr? Gehe dabei bitte von der genauen Summe aus, und runde sie so, dass du diese Aufgabe gut im Kopf rechnen kannst.

____

Bist du fit fürs Gymnasium?

4 Mit einem Betrag von ungefähr 300 Euro kann eine Klasse Spielgeräte und Bücher anschaffen. Die Schüler haben sich ausgesucht:

etwa 10 min

6 Springseile zu je 7,69 €; 2 Paar Stelzen zu je 28,60 €; 8 Sachbücher zu je 14,90 € und 5 Geschichtenbücher zu je 9,30 €.

Überschlage den Wert der Sachen insgesamt. Rechne anschließend auch den genauen Preis aus.

5 Überschlage bei den folgenden Rechnungen an ein Kaufhaus, was jeweils eine Lieferung grob kostet:

etwa 6 min

a) 64 728,05 € für 7 Lieferungen
b) 11 237,80 € für 3 Lieferungen
c) 232,00 € für 8 Lieferungen
d) 34 101,10 € für 4 Lieferungen
e) 7 924,31 € für 8 Lieferungen
f) 9 312,30 € für 6 Lieferungen

6 Mit welchen Überschlägen kommst du dem genauen Ergebnis am nächsten? Kreuze an.

etwa 10 min

9 · 34,75 € ≈	☐ 9 · 30 €	☐ 10 · 34,00 €
17 · 4,90 € ≈	☐ 17 · 5 €	☐ 20 · 4,90 €
12 · 7,33 € ≈	☐ 12 · 7 €	☐ 10 · 7,33 €
6 · 162,88 € ≈	☐ 6 · 150 €	☐ 5 · 170,00 €

Längen: Maßumwandlungen (km und m)

Das Wort „kilo" kommt aus der griechischen Sprache und bedeutet „1000".

- Also ist ein **Kilo**meter gleich 1 000 Meter: 1 km = 1 000 m
- Das Komma trennt km und m voneinander: 1,500 km = 1 500 m
- Nullen am Ende einer Kommazahl darfst du weglassen. Deshalb kannst du auch so schreiben: 1,500 km = 1,5 km

1 Wandle in Meter um. Benutze dazu die Stellenwerttafel.

a) 4 km 200 m
b) 0 km 750 m
c) 3 km 40 m
d) 0 km 3 m
e) 12 km 5 m
f) 300 km 21 m

100 km	10 km	1 km	100 m	10 m	1 m	
		4	2	0	0	4 200 m

2 Schreibe mit Komma.

a) 34 500 m
b) 0 km 81 m
c) 6 250 m
d) 977 m
e) 44 km 303 m
f) 136 km 6 m

Tipp: Wenn du sichergehen willst, lege eine Stellenwerttafel an, und trage die Werte ein.

3 Schreibe als km und m.

a) 17,256 km
b) 21,4 km
c) 2,340 km
d) 129,05 km
e) 500,005 km
f) 40,50 km

4 Ein Wanderweg ist in folgende Etappen eingeteilt:

Etappe 1: vom Parkplatz bis zum Forsthaus = tausendsechshundert Meter
Etappe 2: vom Forsthaus bis zum Hochstand = 2 km 320 m
Etappe 3: vom Hochstand bis zum Tierpark = 789 m
Etappe 4: vom Tierpark bis zum Rastplatz = 3,012 km
Etappe 5: vom Rastplatz bis zum Parkplatz = 1 045 m

a) Wandle die Angaben in eine einheitliche Form um (alle in Meter oder alle in Kommazahlen oder alle in km und m), und berechne die Gesamtstrecke des Wanderweges.

b) Berechne die Entfernungen vom Hochstand bis zum Rastplatz und vom Tierpark bis zum Parkplatz.

Bist du fit fürs Gymnasium?

5 Wie viel Kilometer legte Iris am Montag zurück?

etwa 5 min

Weg zur Schule: 795 m; in der Sportstunde zum Sportplatz: 1,035 km; wieder zurück zur Schule und anschließend nach Hause; nachmittags mit Mutter in die Stadt gefahren: 12,6 km; neue Turnschuhe gekauft und wieder nach Hause; anschließend ihre Freundin Isabel mit dem Fahrrad besucht: 4 km 26 m; zum Abendessen wieder nach Hause.

6 Wie viel Kilometer fuhr Max während seiner Radtour mit seinem Vater in den Ferien?

etwa 5 min

1. Tag: 48 248 m; 2. Tag: die Hälfte der Strecke des 1. Tages; 3. Tag: so viel wie am 1. und 2. Tag zusammen; 4. Tag: die Hälfte der Strecke vom 3. Tag

7 Ergänze zu 15 km. Welche Ziffern musst du einsetzen, damit der Unterschied der beiden roten Ergebniszahlen 900 m beträgt?

etwa 4 min

11 114 m + 0,056 km + 2 km + __________ m = 15 km

0,123 km + 12 1___ ___ m + 0,005 km + 2 ___ ___ ___ m = 15 km

Auf Straßenkarten und Plänen kannst du die Entfernungen zwischen verschiedenen Orten ablesen. Das erspart dir die Mühe, mithilfe eines Maßstabes die Entfernungen auszumessen.

1 In Quadrathausen sind alle Gebäude quadratisch und 20 m breit. Die Straßen sind alle 5 m breit.

a) Der blaue Weg ist der des Brötchenlieferanten. Wie viel Meter ist seine Rundstrecke lang? Benutze für deine Rechnung ein Extrablatt.

b) Wie viel km sind das in 1 Jahr (52 Wochen zu je 6 Tagen)?

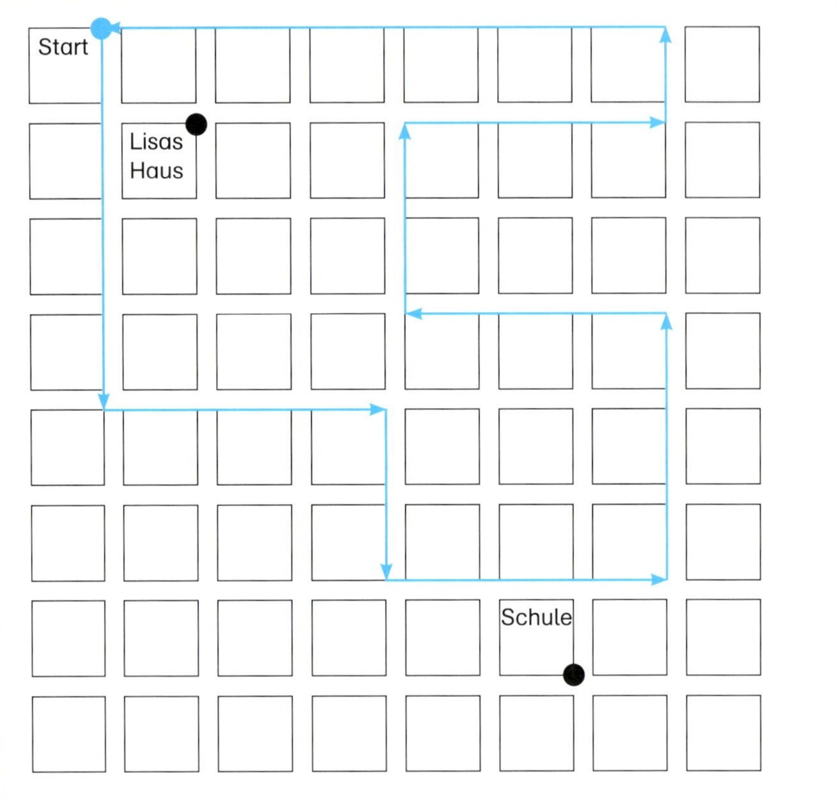

2 Wie lang ist Lisas Schulweg (die kürzeste Strecke)
a) täglich?
b) wöchentlich: 5 Tage (Angabe in km)
c) monatlich: 4 Wochen (Angabe in km)

3 a) Rechne aus, wie lang die einzelnen Teilstrecken sind.
b) Wie lang ist der gesamte Weg als Rundweg?

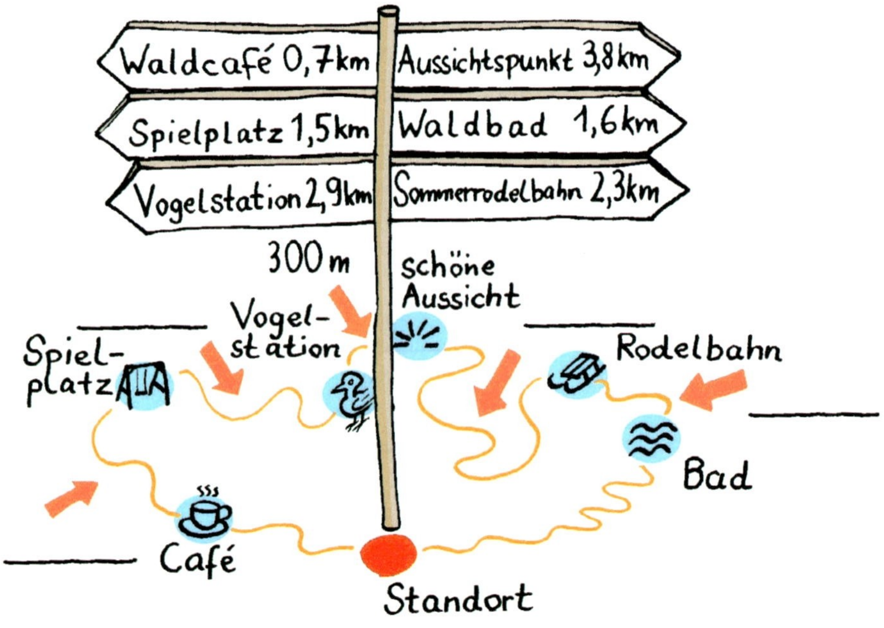

4 Annas Vater muss dreimal im Jahr von Magdeburg nach Erfurt fahren. Für die Hinfahrt benutzt er immer die Autobahn (rot). Zurück fährt er über die Bundesstraße (blau).

a) Wie viel km fährt er pro Jahr?

b) Um wie viel km unterscheiden sich die beiden Strecken?

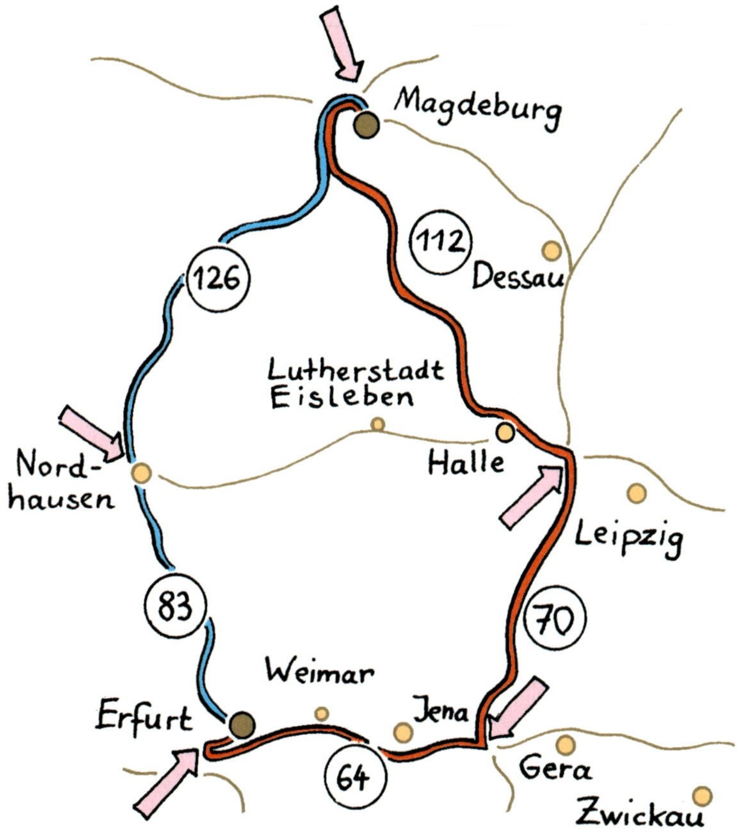

Bist du fit fürs Gymnasium?

5 etwa 10 min

a) Roger wohnt in Dorf A. Seine Oma in Dorf D besucht er jede Woche einmal. Welche Strecke legt er wöchentlich zurück?

b) Einmal ist er im Bus eingenickt und bis Dorf E weitergefahren. Wie viel km legte er an diesem Tag zurück?

c) Anni (Dorf B) besucht ihre Freundin Bea in C. Die lange Strecke benutzt sie nicht. Die kürzere Strecke kannst du schätzen. Mach das!

d) Eine Streckenangabe in der Skizze kann einfach nicht stimmen. Hier liegt ein Zahlendreher vor. Wo?

e) Wie lang wäre eine Rundstrecke durch alle Dörfer, wenn du mit deinem korrigierten Wert von d) rechnest und keine Abkürzungsmöglichkeit benutzt?

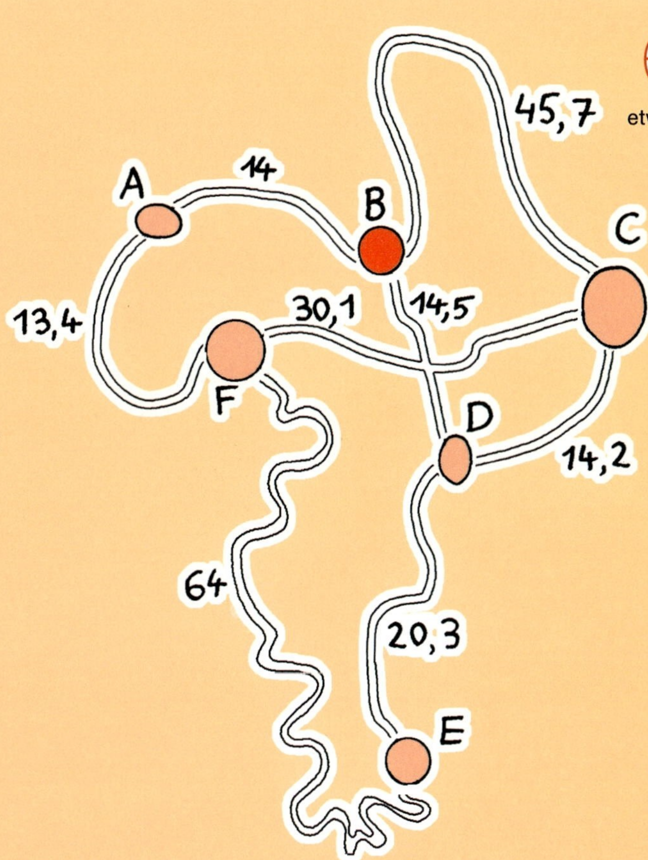

Längen: Maßumwandlungen (m, cm und mm)

1 m = 100 cm

0,5 m = 50 cm
1,5 m = 150 cm
1 cm = 10 mm
0,5 cm = 5 mm

Zentimeter bedeutet: „hundertster Teil eines Meters“ oder „100-mal so klein wie ein Meter“.

1

Tipp: Für alle Umwandlungsaufgaben kannst du dir zur Sicherheit eine Stellenwerttafel zeichnen und die Werte der Aufgaben eintragen.

Hier ein Vorschlag für m und cm:

1 m	10 cm	1 cm

Und ein weiterer für cm und mm:

1 cm	1 mm

Wandle die folgenden Längenangaben in cm um.

2 m	2,5 m	2,05 m	0,2 m	0,25 m	20 m	20,5 m	20,05 m
200 cm							

2 Wandle die folgenden Längenmaße in m um.

300 cm	30 cm	3 cm	155 cm	105 cm	501 cm	51 cm	510 cm

3 Verbinde gleiche Angaben mit Linien.

480 cm	0,23 m
2,3 m	200 cm
0,2 m	4,08 m
23 cm	20 cm
20,3 m	4 m 88 cm
4 m 8 cm	203 cm

4 Wandle die folgenden Angaben in mm um.

4 cm	40 cm	400 cm	4 m	0,4 m	0,04 m

5 Fülle die fehlenden Werte in der Tabelle aus.

	3 m	300 cm	3 000 mm
+	0,3 m	cm	mm
Summe			

	22,5 m	cm	mm
+	1,02 m	cm	mm
Summe	m	cm	mm

Bist du fit fürs Gymnasium?

6 Berechne die fehlenden Längen, und gib sie in m an.

etwa 8 min

2,4 m + 7 cm + __________ = 4,50 m

28 cm + __________ + 2 m = 305 cm

2 005 cm − 11 m 50 cm − __________ = 420 cm

43 cm − 41 cm + __________ = 1 m

7 Gib die Ergebnisse der folgenden Aufgaben in cm an.

etwa 8 min

a) 3,60 m · 4

b) 3,60 m : 4

c) 8 m 40 cm · 15

d) 330 mm : 3

e) 24 120 mm : 6

f) 0,08 m · 9

g) 12,03 m : 3

h) 20 mm · 1 000

Längen: Einschätzungen (m, cm und mm)

Um Längen auszumessen, gibt es für verschiedene Situationen bestimmte Messgeräte. Für besonders weite Meterentfernungen im Freien eignet sich ein Maßband. Mit dem Zollstock (zusammenklappbares, meist 2 m langes Messinstrument) lassen sich Räume gut ausmessen. Ein Lineal benutzt man z. B. für Messungen von Linien in Heften oder Büchern.

1 Du möchtest die Länge einiger Gegenstände feststellen. Ordne mit Pfeilen den Gegenständen die Messgeräte zu, die dazu am geeignetsten sind.

- Länge eines gefällten Baumes
- Länge einer Ameise, die auf einem Foto in Originalgröße abgebildet ist
- Breite eines Fußballplatzes
- die Höhe deines Zimmers
- die Breite deines Rechenheftes
- die Länge deines Klassenraumes

2 Korrigiere die falschen Maßeinheiten.

Sprungbrett im Schwimmbad: 3 cm	deine Korrektur: ____________
Auto: 4,50 mm	deine Korrektur: ____________
Spitzer: 2,5 m	deine Korrektur: ____________
Kästchenbreite im Rechenheft: 5 cm	deine Korrektur: ____________
neuer Bleistift: 15 mm	deine Korrektur: ____________
Wal: 30 cm	deine Korrektur: ____________

3 Wähle angemessene Zahlenangaben.

Hochhaus: 40 m; 400 m; 4 000 m	deine Wahl: ____________
10-jähriges Kind: 2,30 m; 1,30 m; 0,13 m	deine Wahl: ____________
Marienkäfer: 60 mm; 7 cm; 7 mm	deine Wahl: ____________
Maus: 80 mm; 0,8 cm; 14 m	deine Wahl: ____________

4 Unterstreiche in jedem Satz die zutreffende Angabe.

a) Du bist gemütlich mit dem Fahrrad unterwegs und fährst am Flussufer entlang nach Neustadt. Nach einer Stunde bist du fast in Neustadt und hast 17 000 m, 170 000 m oder 170 m geschafft?

b) Ein Schiff überholt dich langsam. Ist es nach einer Stunde 250 000 m, 13 000 m oder 25 000 m weit gekommen?

c) Du überholst einen Wanderer. Ist er nach einer halben Stunde 40 000 m, 12 m oder 2 500 m weit gekommen?

Bist du fit fürs Gymnasium?

5 Ordne den Gegenständen die richtige Maßeinheit zu.

etwa 4 min

Ozeanriese	300 ______
Erdbeere	50 ______
Kirchturm	6 000 ______
8 Euromünzen übereinandergestapelt	2 ______
Durchmesser einer CD	0,12 ______
Schulterhöhe eines Hundes	340 ______
Höhe eines DIN-A4-Heftes	0,3 ______
Breite eines Tafelflügels (Wandtafel in der Klasse)	1 ______
Länge eines Spielzeugautos	70 ______

6 Wandle alle Maße von Aufgabe 5 in m um, und sortiere die Werte dann nach der Größe. Überprüfe nun, ob deine Vorstellung mit der Wirklichkeit übereinstimmt, indem du nachmisst, was du nachmessen kannst. Was du nicht messen kannst, kannst du vielleicht erfragen.

etwa 4 min

Gewichte: Maßumwandlungen (kg und g)

Wie bei Kilometer taucht auch bei den Gewichten mit dem Begriff Kilogramm wieder der Bestandteil **Kilo** auf. Natürlich hat er seine Bedeutung – nämlich 1 000 – auch in diesem Kapitel. Es gilt:

1 kg = 1 000 g $\quad \frac{1}{2}$ kg = 0,5 kg = 500 g $\quad$ 0,05 kg = 50 g

Kilogramm und Gramm werden durch das Komma getrennt.

1 Fülle die Lücken aus.

4 kg	1 kg		3,5 kg	3,05 kg			1,004 kg
4 000 g		3 000 g			40 g	4 g	

Tipp: Lege dir eine Stellenwerttafel an, und überprüfe deine Einträge bei Aufgabe 1, indem du die Tafel mit allen Werten füllst.

kg	100 g	10 g	1 g

2 Fülle die Lücken aus.

3 kg 200 g	0 kg 250 g			0 kg 103 g	10 kg 49 g	
3 200 g		7 600 g				
3,2 kg			2,15 kg			5,108 kg

3 Wandle in eine Kommazahl um, und verbinde gleiche Gewichte mit Pfeilen.

4 220 g = ____________ kg

10 kg 503 g = ____________ kg

10 503 g = ____________ kg

1 kg 503 g = ____________ kg

17 070 g = ____________ kg

4 kg 220 g = ____________ kg

4 020 g = ____________ kg

17 kg 7 g = ____________ kg

4 a) Verwandle in g, und addiere alle Gewichte.

8, 907 kg	0,27 kg	13 kg 3 g	0,004 kg	816 kg	36,7 kg	9,05 kg

b) Sortiere alle Gewichte nach der Größe.
Beginne mit dem kleinsten Gewicht.

______ kg und ______ g

______ kg und ______ g

______ kg und ______ g

______ kg und ______ g

______ kg und ______ g

______ kg und ______ g

______ kg und ______ g

Bist du fit fürs Gymnasium?

5 Wie viel g fehlen jeweils bis 15 kg? Rechne im Heft.

etwa 12 min

a) 2 kg 340 g + 9 217 g

b) 0,39 kg + 3,90 kg + 218 g + 2 kg 18 g

c) 6 · 2,41 kg

d) 7 · 2 kg 99 g

e) 4 830 g · 3

f) 1 kg 704 g · 8

6 1 Liter Wasser wiegt 1 kg. Wie schwer sind 8 volle Flaschen Wasser?

etwa 4 min

Gewichte: Maßumwandlungen (t und kg)

Gewichte ab 1 000 kg werden auch mit der Maßeinheit Tonne (t) versehen.
Es gilt: 1 t = 1 000 kg 1,5 t = 1 500 kg

1 Fülle die Lücken aus.

2 t	4,5 t	8,05 t	16,005 t				
2 000 kg				3 000 kg	6 500 kg	12 050 kg	24 005 kg

2 a) Wie viele Kisten kann der Lieferwagen aufladen?

b) Gib das Gesamtgewicht der Kisten in t an.

3 Verbinde gleiche Gewichte mit Pfeilen.

1,075 kg

26,7 t

1 t 75 kg

2 670 t

26 700 kg

1,75 t

1,075 t

26 t 70 t

4 Fülle die Lücken aus.

6,5 t				1,11 t		
6 t 500 kg	10 t 25 kg		1 t 11 kg			0 t 920 kg
6 500 kg		3 804 kg			1 111 kg	

5 Wie viele Ladungen Sand hat dieser Lieferwagen gebracht?

Bist du fit fürs Gymnasium?

6 a) Addiere alle Gewichte. Gib das Ergebnis in t an.

etwa 5 min

104 kg	92 kg	3 kg	931 kg	22 kg	1 800 kg	48 kg

b) Wie viel kg musst du zum Ergebnis von a) addieren, um 100 t zu erhalten?

7 a) Wandle alle Gewichte in kg um, und sortiere sie nach der Größe. Beginne mit dem größten Gewicht.

etwa 5 min

3 t 210 kg	9 712 kg	22,459 t	100 t	37 t 600 kg	0,018 t

b) Subtrahiere vom größten Gewicht alle anderen. Gib das Ergebnis in t an.

8 Berechne die fehlenden Werte.

etwa 6 min

a) 4 t 35 kg + 19 t 123 kg + ☐ = 25 t

b) 13 670 kg + 1,1 t + ☐ = 15 t

c) 1,01 t + 1,001 t + 1,110 t + ☐ = 4 t

d) 1 t = 301 kg + 490 kg + ☐

Gewichte: Einschätzungen (g, kg, t)

- Gewichte, die so schwer sind, dass du sie nicht tragen kannst, sind schwierig vorzustellen. Es hilft aber, wenn du die Gewichte mancher Dinge kennst. Dann kannst du vergleichen und besser abschätzen.
- Gewichte, die du tragen kannst, solltest du dir einprägen. Dann kannst du sie gut schätzen, wenn sie zum Beispiel in größeren Mengen auftreten.

1 Ein Schulranzen sollte für dich nicht mehr als 3 kg wiegen. Wie viel Kilogramm hast du dann im Laufe einer Woche (5 Schultage) ungefähr hin- und hergetragen?

____

Tipp: Frag einmal deine Eltern, ob sie das ausgerechnete Gesamtgewicht von Aufgabe 1 tragen könnten und wenn ja, ob es viel Mühe bereitet?

2 Ergänze die passenden Maßeinheiten (g, kg, t).

3 Welche Angaben können nicht stimmen? Kreuze sie an.

- ☐ 4 Joghurtbecher könnten 1 000 g wiegen.
- ☐ Ein Paket Papiertaschentücher wiegt ungefähr 0,5 kg.
- ☐ Ein Bleistift wiegt höchstens 1 g.
- ☐ 1 Brot zu 750 g kann man beim Bäcker kaufen.
- ☐ Mein DIN-A4-Schulheft ist leichter als 10 g.
- ☐ Eine Tüte mit 25 Bonbons wiegt meistens über 3 000 g.
- ☐ Ein Apfel wiegt im Durchschnitt 40 kg.

4 Die 12 Kinder einer Pfadfindergruppe wiegen im Durchschnitt 35 kg. Die Brücke, die sie gebaut haben, hält höchstens 400 kg aus. Können alle gleichzeitig darübergehen?

____

____

Bist du fit fürs Gymnasium?

5 Welche Gewichte sind ungefähr gleich? Verbinde sie mit Pfeilen.

etwa 3 min

21 t	2 100 kg
140 kg	450 kg
200 g	17 700 g
0,46 t	0,15 t
17,8 kg	20,5 t
2 111 000 g	0,21 kg

6 Kreuze an.

etwa 2 min

	ja	nein
Drei 10-l-Eimer Wasser wiegen ca. 30 kg.	☐	☐
Bei der Geburt wog ein Kind 3 600 g; 10 Jahre später 36 kg. Mit 30 wird es 108 kg wiegen.	☐	☐
Ein Kilogramm Tischtennisbälle ist leichter als 1 kg Tennisbälle.	☐	☐

Volumen: Maßumwandlungen (l und ml)

1 l = 1 000 ml

$\frac{1}{2}$ l (ein halber Liter) = 500 ml = 0,500 l

$\frac{1}{4}$ l (ein viertel Liter) = 250 ml = 0,250 l

Tipp: Du wirst im Umgang mit Kommazahlen bei Litern viel sicherer sein, wenn du jeder Kommazahl, die weniger als 3 Stellen hinter dem Komma hat, entsprechend viele Nullen (eine oder zwei) hinzufügst. Beispiel: aus 2,25 l machst du 2,250 l und aus 0,5 l machst du 0,500 l.

1 Fülle die Lücken aus.

2 l			2,25 l		4,05 l	4,005 l	4,5 l
2 000 ml	3 000 ml	3 500 ml		3 750 ml			

2 Fülle die fehlenden Werte in der Tabelle aus.

$\frac{1}{2}$ l	500 ml	0,5 l
$\frac{1}{4}$ l		
$\frac{1}{8}$ l		
$\frac{3}{4}$ l		

Tipp: Ein $\frac{3}{4}$ l ist 3 mal $\frac{1}{4}$ l.

3 Ordne gleiche Volumen mit Pfeilen einander zu.

0,8 l	$\frac{1}{4}$ l
2 l 30 ml	2 300 ml
250 ml	2 030 ml
10 ml	800 ml
100 ml	0,1 l
2,3 l	0,01 l

4 Überprüfe die Ergebnisse. Rechne im Heft.

a) 600 ml + 2 l 400 ml + 0,3 l = 3 030 ml richtig ☐ richtig wäre ______

b) $\frac{3}{4}$ l + $\frac{1}{8}$ l + 20 ml = 8,95 l richtig ☐ richtig wäre ______

c) 100 ml + 4,5 l + 4,05 l = 8,650 l richtig ☐ richtig wäre ______

d) 38 l 500 ml + 22 l 200 ml = 60,7 ml richtig ☐ richtig wäre ______

e) 11,05 l + 9,005 l + 20 ml = 20 l 75 ml richtig ☐ richtig wäre ______

f) 1 ml + 0,001 l + 1l 1 ml = 1 003 ml richtig ☐ richtig wäre ______

5 Wie viel Milliliter sind in jeder Flasche noch vorhanden? Trage ein.

a) b) c) d)

______ ______ ______ ______

Bist du fit fürs Gymnasium?

6 Bewerte die Aussagen.

etwa 3 min

a) Wenn ich zu 990 ml Wasser noch 0,10 l Wasser hinzugebe, habe ich 1 Liter Wasser.

b) 2 mal $\frac{1}{4}$ l Wasser sind genauso viel wie $\frac{1}{2}$ l Wasser.

c) Ein Liter Milch passt in 4 Tassen, die jeweils 0,25 l Flüssigkeit aufnehmen können.

d) 60 ml ist fast die Hälfte von 0,120 l.

7 Marcus hat aufgeschrieben, dass er gestern bis auf 180 ml 2 l Wasser getrunken hat. Lena behauptet, sie habe 1 640 ml Wasser getrunken, und Isa sagt, dass sie mit ihrer Trinkmenge Wasser genau zwischen den beiden liegt. Wie viel hat jeder getrunken?

etwa 4 min

Das Komma trennt l und ml. Beim stellengerechten Untereinanderschreiben müssen deshalb die Kommas unbedingt genau untereinanderstehen.

1 Schreibe die Angaben stellengerecht mit Komma untereinander, und addiere sie.

1 l + 10 l + 0,7 l + 1,5 l + 0,1 l

1, 0 0 0 l

2 a) Wie viel Liter Saft stehen nur noch im Regal?
b) Wie viel Liter fehlen insgesamt?

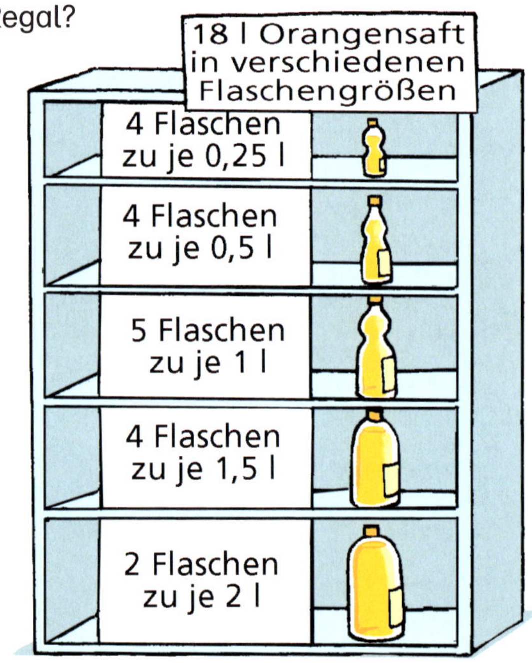

Tipp: Achte darauf, die Stellen hinter dem Komma mit Nullen zu ergänzen, wenn es weniger als drei Stellen sind. Dann verlierst du bei der Arbeit nicht die Übersicht.

c) Wie viel Liter fehlen von jeder Flaschengröße?

3 a) Fülle die fehlenden Werte in der Tabelle aus.

$\cdot 2$ ↓	5 Flaschen	7,5 l	↓ $\cdot 2$
	10 Flaschen		
	1 Flasche		
		4,5 l	
		6 l	
	8 Flaschen		
		18 l	

b) Schreibe die Literangaben stellengerecht untereinander, und addiere sie.

Bist du fit fürs Gymnasium?

4 Aus einer Regentonne mit 20 l Wasser wird nach folgendem Muster Wasser entnommen: 1. Tag 1,5 l; 2. Tag 1,75 l; 3. Tag 2 l; 4. Tag 2,25 l usw.

etwa 10 min

a) Setze die Reihe bis zum 10. Tag fort.

b) Am wie vielten Tag kann aus der Tonne nicht mehr die vorgesehene Menge Wasser entnommen werden?

5 In einem Laden werden Trinkpäckchen mit jeweils 0,25 l Inhalt verkauft. Lege eine Tabelle an. Linke Spalte – Anzahl der Trinkpäckchen von 3 bis 24 in 3er-Schritten. Rechte Spalte – Menge in Litern.

etwa 4 min

6 Überprüfe das Ergebnis folgender Rechnung, indem du alles in Kommazahlen umwandelst, diese stellengerecht untereinanderschreibst und addierst.

etwa 3 min

200 ml + 6 l + 4,5 l + 0,25 l = 12,75 l

1 Stunde (h) = 60 min
1 min = 60 s
1 Tag hat 24 Stunden.
1 Woche hat 7 Tage.
1 Jahr hat 365 Tage.

Mit den Angaben kann man ja schon weitere Aufgaben rechnen; z. B: Wie viel Stunden hat eine Woche?

1 Fülle die Tabelle aus.

Wochen	Tage	h	min
1	7	168	10 080
2			
	28		
8			
	112		
32			
52 = 1 Jahr			

Wenn du den Aufbau des Fahrplans durchschaut hast, kannst du die fehlenden Werte leicht berechnen. Schau dir auch einmal einen echten Fahrplan z. B. an einer Bushaltestelle in deiner Nähe an.

2 Fülle die Lücken in diesem Fahrplan aus.

Abfahrt / Departure BB

Wir fahren alle 15 Minuten für Sie!

Station 1	12.15	12.30	12.45
Station 2	12.25		
Station 3	12.32		
Station 4	12.45		
Station 5	12.49		
Station 6	12.55		
Station 7	13.00		
Station 8	13.06		

3 Berechne mithilfe des Fahrplans von Aufgabe 2 die folgenden Fahrzeiten.
Lege dir Zahlenstriche als Hilfe an.

a) Station 4 zu Station 6

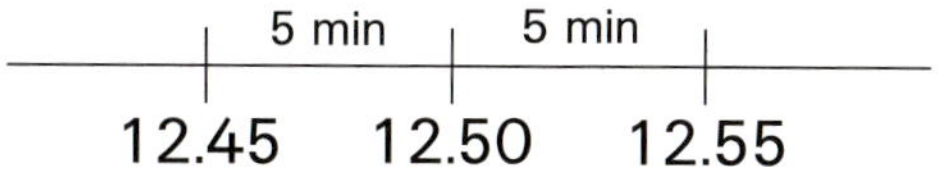

____

b) Station 3 zu Station 7

____

c) Station 1 zu Station 5

____

d) Station 5 zu Station 8

____

e) Station 2 zu Station 4

____

4 Du hast für eine Arbeit 15 min Zeit. Wann bist du jeweils fertig, wenn du anfängst um

a) 9.15 Uhr   b) 10.32 Uhr   c) 11.26 Uhr   d) 12.12 Uhr   e) 13.51 Uhr ?

_______ _______ _______ _______ _______

Bist du fit fürs Gymnasium?

5 Fülle die Lücken aus.

etwa 3 min

	s
8	
$\frac{1}{2}$	
$\frac{1}{4}$	
	300
	3 000
$\frac{3}{4}$	
	60

Tipp: Von der Uhrzeit her sind dir einfache Brüche bekannt (eine viertel Stunde oder eine halbe Stunde oder eine dreiviertel Stunde). Auf einer Uhr mit Zeigern lassen sich gerade diese Einteilungen gut erkennen.

Die Geschwindigkeit setzt sich aus zwei Größen zusammen: **Länge einer Strecke** und der **Zeit**. Sie gibt Auskunft, wie viel Meter oder Kilometer z. B. ein Tier oder ein Fahrzeug in einer Sekunde, Minute oder Stunde schafft. Du kennst solche Angaben sicher, wenn du ein Autoquartett besitzt oder einen Fahrradtacho oder wenn du fragst, wie schnell denn gerade euer Auto fährt.

Wenn man nun verschiedene Geschwindigkeiten miteinander vergleichen will, gibt man sie oft in Kilometer pro Stunde **km/h** an. Sprich für den Schrägstrich immer „pro".

1 Wie schnell (km/h) fährt der Wagen jeweils?

30 km in 30 min	wären 60 km in 60 min	60 km/h
15 km in 10 min	wären ___ km in 60 min	90 km/h
9 km in 5 min	wären ___ km in 60 min	
45 km in 20 min	wären ___ km in 60 min	
160 km in 120 min	wären ___ km in 60 min	
150 km in 3 h	wären ___ km in 60 min	
320 km in 4 h	wären ___ km in 60 min	
350 km in 5 h	wären ___ km in 60 min	

2 Und jetzt umgekehrt.

km/h	**Fahrzeit**	**gefahrene Strecke (km)**
70 km/h	$\frac{1}{2}$ h	35 km
48 km/h	20 min	
60 km/h	15 min	
100 km/h	1 h 30 min	
120 km/h	2 h 30 min	
160 km/h	60 min	
30 km/h	4 h 30 min	

3 Wandle in km/h um.

Jens fuhr mit dem Rad	12 000 m in	30 min	_____ km/h
Martin fuhr mit dem Rad	2 000 m in	5 min	_____ km/h
Isa fuhr mit dem Rad	3 000 m in	10 min	_____ km/h
Björn fuhr mit dem Rad	5 500 m in	15 min	_____ km/h
Marisa fuhr mit dem Rad	7 000 m in	20 min	_____ km/h
Fatima fuhr mit dem Rad	36 000 m in	120 min	_____ km/h

4 Wandle in km/h um.

ICE	4 km/min	_______ km/h
Passagierflugzeug	14 km/min	_______ km/h
Gepard	2 000 m/min	_______ km/h
Wanderfalke	5 400 m/min	_______ km/h
Formel-1-Rennwagen	6 km/min	_______ km/h
Spaziergänger	83 m/min	_______ km/h

Bist du fit fürs Gymnasium?

5 Berechne die Geschwindigkeiten (km/h).

etwa 5 min

10 m/s
5 m/s
2 500 cm/s
50 000 mm/s

6 Kann das sein? Bewerte die folgenden Behauptungen.

etwa 6 min

a) Du kannst pro Sekunde ohne Anstrengung 1 m gehen.

b) Von Köln nach Bonn sind es ca. 30 km. Mit dem Fahrrad brauchst du eine halbe Stunde.

c) Wenn du einen Schlagball 30 m weit wirfst, fliegt er 1 h lang durch die Luft.

d) Wenn ein 400 m langer Güterzug in 40 s an dir vorübergefahren ist, hatte er eine Geschwindigkeit von 36 km/h.

Test: Rechnen mit Größen

45 min

Name:	Klasse:	Datum:

1 Mutter geht den Kassenzettel durch und murmelt:

25 ct | 3,15 € | 5 ct | 7 € | 5,50 € | 49 ct | 49 ct | 1,25 € | 2,5 € | 1,05 € | 79 ct

Was zeigt der Kassenzettel als Endbetrag? Rechne, und schreibe eine Antwort.

2 P.

2 Bilde aus den folgenden 4 Ziffernkarten Geldbeträge mit 2 Stellen hinter dem Komma, die ohne Rest durch 4 teilbar sind. Schreibe sie dann der Größe nach auf. Beginne mit dem kleinsten.

2 | 5 | 6 | 7

8 P.

3 In jeder Spalte der Tabelle hat sich ein Fehler eingeschlichen. Korrigiere die beiden Werte, sodass die Tabelle dann stimmt.

Schrauben

Stückzahl	Preis (€)
10	0,64
15	0,96
20	1,82
25	1,60
30	1,92
36	2,24
40	2,56

2 P.

4 Anne behauptet, ihr Schulweg sei 2 km und 706 m lang. Ihr Zwillingsbruder kommt aber auf 2 km 760 m. Prüfe nach, wer recht hat:

vom Haus bis zur Albertstraße sind es 327 m; von der Albertstraße bis zum Kiosk sind es 0,4 km; vom Kiosk bis zur Burgstraße sind es 1 km und 12 m; von der Burgstraße bis zum Supermarkt sind es 809 m; vom Supermarkt bis zur Telefonzelle sind es 88 m; von dort bis zum Schultor sind es 0,070 km.

2 P.

5 Eine 3 m lange Holzleiste soll in Stücke von je 15 cm zerschnitten werden. Bei jedem Schnitt geht 1 mm verloren. Wie viele Stücke werden es?

2 P.

6 Ein Lkw hat 28 Kästen mit je 12 leeren 1-l-Wasserflaschen geladen und 43 Kästen mit je 12 vollen 1-l-Wasserflaschen. Du weißt, dass 1 l Wasser 1 kg wiegt und 1 leere Flasche 35 g. Ein Kasten wiegt 1 kg und 300 g. Wie viel wiegt die Ladung?

5 P.

7 Wandle alle Angaben in kg als Kommazahlen um, und ergänze sie so, dass sie 3 Stellen hinter dem Komma haben. Addiere zuerst die Angaben, die am Ende eine gerade Zahl haben, und dann alle Angaben, die am Ende eine ungerade Zahl haben.

27 kg 310 g	9 015 g	819 g	8 kg 165 g	678 g

3 P.

8 Fülle die Lücken aus.

7 t	3,5 t			70 t			0,5 t
7 t 0 kg		1 t 750 kg			35 t 0 kg		
7 000 kg			875 kg			17 500 kg	

7 P.

9 Eine Badewannenfüllung sind 150 l Wasser. Max nimmt wöchentlich 2 Bäder. Und das macht er an 40 Wochen im Jahr, fünf Jahre hintereinander.

a) Wie viel Liter Wasser verbraucht er dabei?

b) Wie viel t Wasser sind das? (1 l Wasser = 1 kg)

4 P.

10 Berechne die Zeit unter Berücksichtigung der Fahrplanzeiten und der Fußgängerzeiten. Von zu Hause bis zur Haltestelle „Im Buschfelde" musst du mit 8 Minuten Fußweg rechnen. Vom Bahnhof „Deutz/Messe" gehst du zum Messegelände noch einmal 11 Minuten.

Haltestelle	Ankunft	Abfahrt	Anmerkung
Köln, Im Buschfelde	———	8.24 Uhr	
Köln, Bf Lövenich	8.32 Uhr		umsteigen
Köln, Bf Lövenich	———	8.37 Uhr	
Köln, Bf Deutz/Messe	8.53 Uhr		

2 P.

11 Du fliegst genau 2 Stunden und 10 Minuten mit dem Flugzeug, das durchschnittlich 846 km/h schafft. Wie weit kommst du?

3 P.

In dieser Klassenarbeit habe ich ______ Punkte von insgesamt 40 Punkten erreicht.

Das entspricht der Note ______. (Schau in den Lösungen auf Seite 35 nach.)

Grundübungen: Arbeit mit Rechenbäumen

Rechenpläne oder Rechenbäume sind sehr hilfreich. Für die Größen- und Zahlenangaben in der Textaufgabe sind im Plan Felder reserviert. In die Kreise gehören die richtigen Rechenzeichen. Das letzte Feld ist für die Lösung vorgesehen.

1 Olaf hat vergessen, wie viel Geld er ursprünglich auf seinem Sparkonto hatte. Gestern hat sein Vater für ihn 227 € für ein Keyboard abgehoben, das Olaf schon länger haben wollte. Nun sind noch 433 € auf seinem Konto. Wie viel Euro hatte Olaf ursprünglich auf seinem Konto?

Rechenbaum:

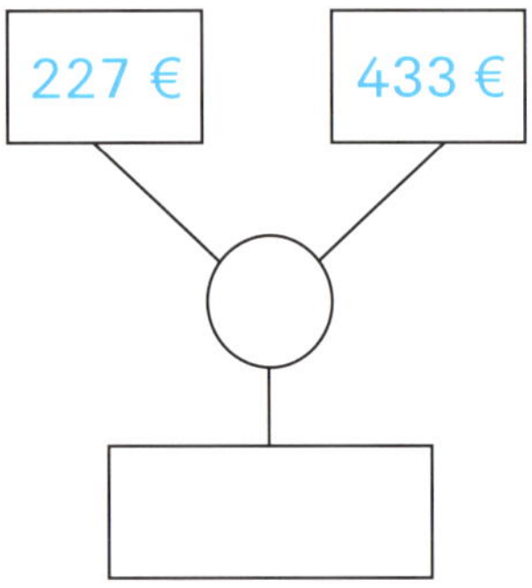

Antwort: ______________________________

____

2 Mira hatte gestern noch 173 € auf ihrem Sparkonto. Heute sind es 243 €, denn ihr Patenonkel hat ihr zum Geburtstag Geld geschickt. Wie viel Euro hat der Patenonkel ihr geschenkt? Zeichne einen Rechenbaum, und fülle ihn aus.

Begründe immer für dich, warum du im Plan dieses oder jenes Rechenzeichen benutzt. Gib die Begründung hier schriftlich: Zur Lösung komme ich, wenn ich den Unterschied zwischen 243 € und 173 € berechne. Also benutze ich das ______________ -Zeichen.

Rechenbaum:

Antwort: ______________________________

____

3 Patrick sammelt Fußballbilder. Weil er Geburtstag hat, schenkt ihm Jonas 25 Stück. Lara bringt ihm 15 Bilder mit, und sein Vater gibt ihm doppelt so viele wie Jonas und Lara zusammen. Wie viele Bilder bekommt Patrick von seinem Vater?

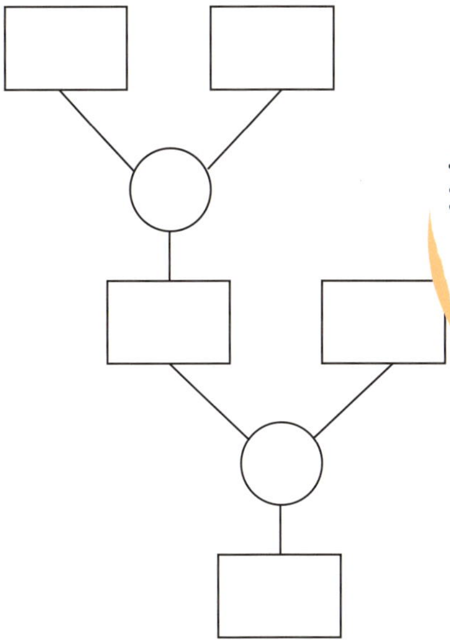

Antwort: ______________________________

____

Bist du fit fürs Gymnasium?

4 Lies Aufgabe 3 sorgfältig durch. Die Frage lautet jetzt: Wie viele Bilder bekommt Patrick insgesamt? Welcher der beiden Rechenbäume führt dann zum Ergebnis? Notiere deine Antworten in dein Heft.

etwa 3 min

a)

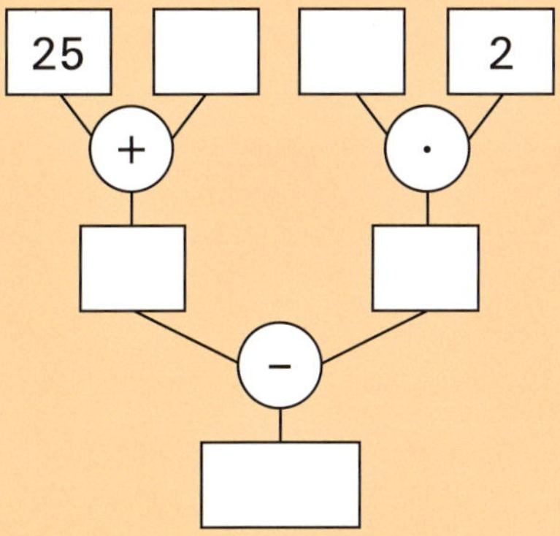

b)

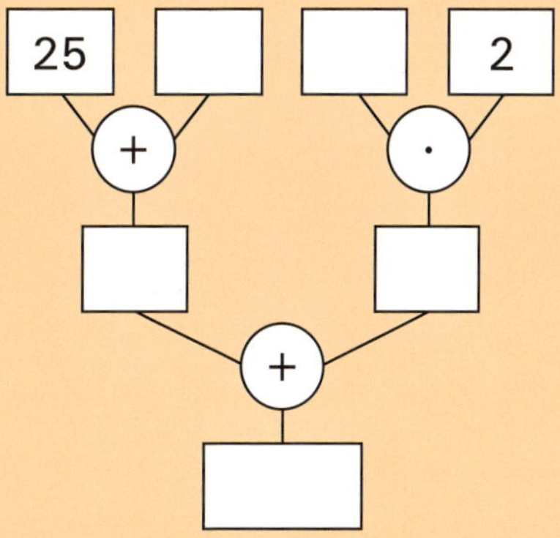

5 Katharina hat 36 alte Comic-Hefte. 12 verschenkt sie an Anna. Ihr Bruder nimmt 5 für sich, und 17 bietet sie auf dem Kinderflohmarkt an, bringt aber 3 wieder mit nach Hause. Wie viele Hefte hat sie noch übrig? Übertrage beide Rechenbäume in dein Heft, und fülle sie aus. Vergiss die Antwort nicht!

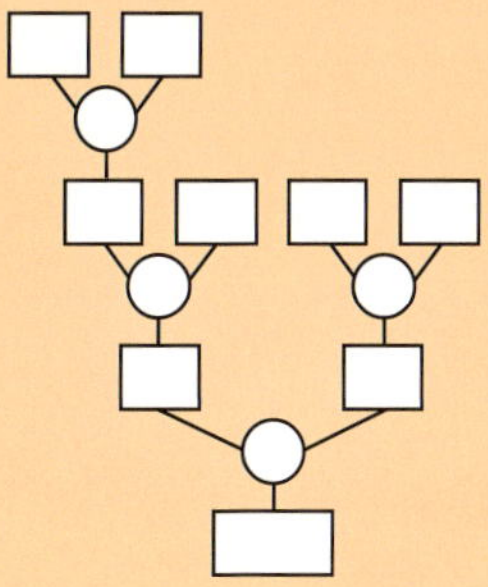

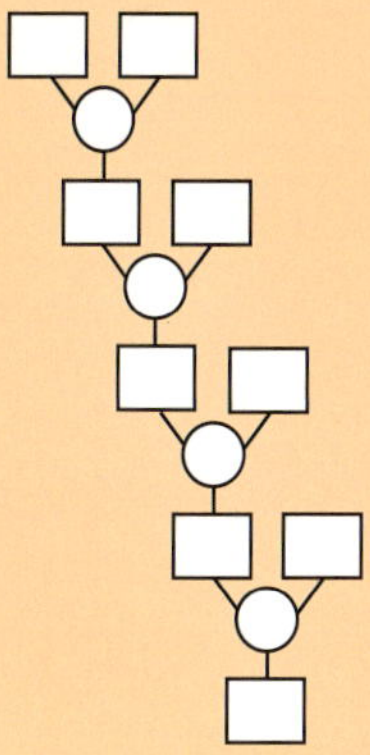

etwa 5 min

An Diagrammen oder Schaubildern kannst du z. B. Umfrageergebnisse leicht ablesen. Auf diesen Seiten kommen Säulen- und Balkendiagramme vor. Eine sinnvolle Einteilung von Rechenkästchen oder die Benutzung eines Lineals ist wichtig für die Erstellung von Diagrammen. Um Werte richtig zuordnen und ablesen zu können, musst du die Pfeile an den Diagrammachsen beschriften.

1 a) Lea hat im Unterricht gelernt, dass Trinkpäckchen eine Menge Müll verursachen, und deshalb Flaschen zum Umfüllen umweltfreundlicher sind. Die Kinder stellten in der Schule durch eine Umfrage fest, wie viele Trinkpäckchen an einem Tag getrunken werden. Hier ist das Ergebnis:

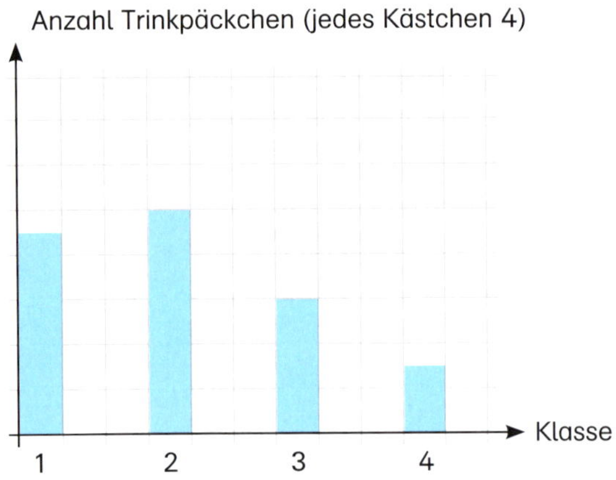

Frage: Wie viele Trinkpäckchen wurden am Tag der Umfrage verbraucht?

Rechnung: ______________________________

Antwort: ______________________________

____

b) Nach Abschluss der ersten Umfrage ergab eine neue Umfrage folgende Ergebnisse: In den 1. Klassen hatten 8 Kinder noch je ein Trinkpäckchen, in den 2. Klassen waren es auch 8, in den 3. Klassen waren es 2 und in den 4. Klassen 6 Kinder. Erstelle ein Säulendiagramm zu den Angaben.

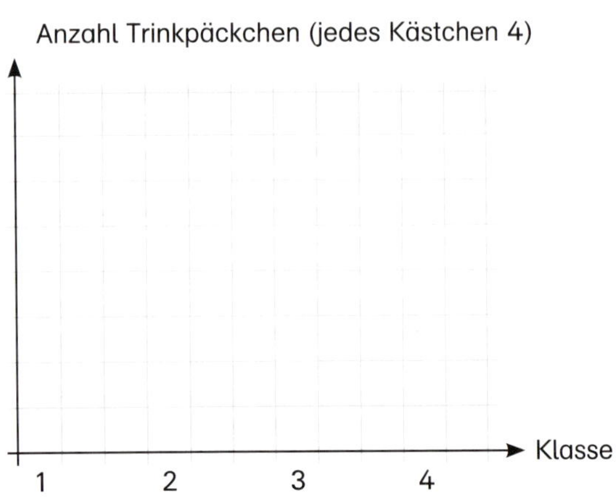

2 Tim möchte wissen, wie sich die Schülerzahlen an seiner Schule in den letzten Jahren entwickelt haben. Vom Rektor erhält er folgende Auskunft: 2002 gab es 186 Kinder, 2003 waren es 180 Kinder, 2004 dann 194 Kinder, 2005 gab es 192 Kinder und 2006 waren 206 Kinder an der Schule. Führe Tims Balkendiagramm zu Ende. Benutze dabei ein Lineal.

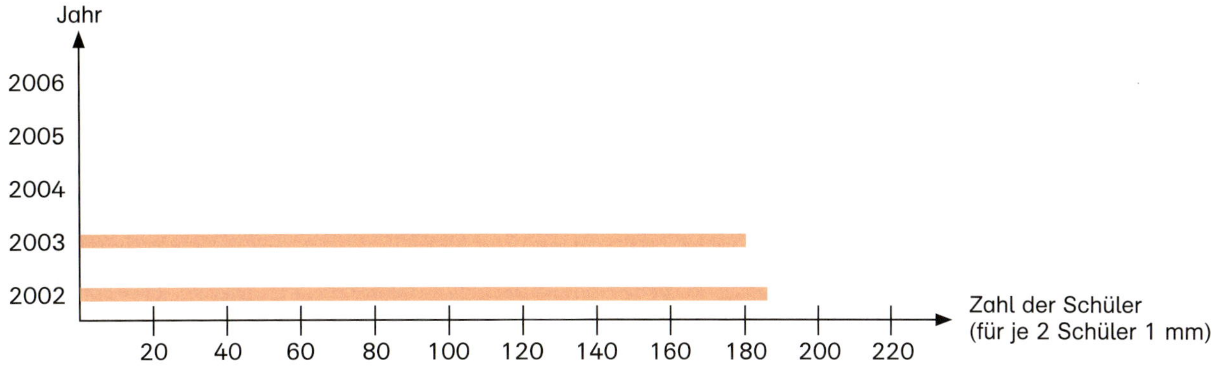

Bist du fit fürs Gymnasium?

3 Der Ort, in dem Pia lebt, hatte 2005 ca. 12 500 Einwohner. Vor 5 Jahren waren es ca. 11 500, vor 10 Jahren ca. 9 000, vor 15 Jahren ca. 9 100 und vor 20 Jahren ca. 7 600 Einwohner. Verarbeite diese Angaben in einem Balkendiagramm (vgl. Aufgabe 2).

etwa 8 min

Tipp: Überlege gut, ob du Rechenkästchen oder cm als Einheit nehmen möchtest. Denke daran, dass die Angaben genau ablesbar sein müssen. Vergiss nicht, aus den Angaben oben die Jahreszahlen zu berechnen!

4 Welche Aussagen unten passen zu diesem Diagramm? Kreuze an.

etwa 3 min

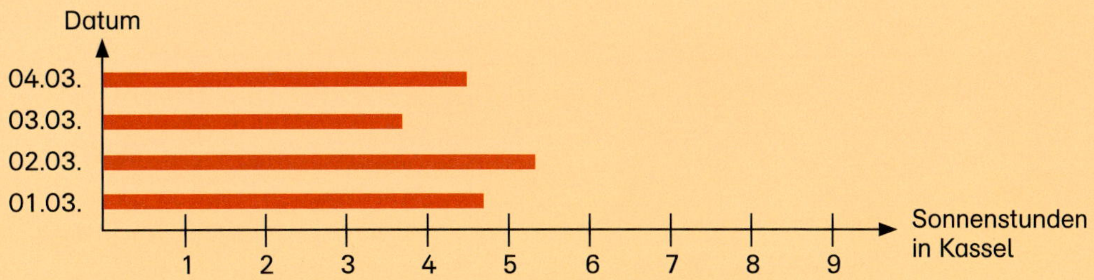

- ☐ Im Juni schien in Kassel die Sonne.
- ☐ Es werden die Sonnenstunden in den ersten 4 Märztagen in Kassel angezeigt.
- ☐ Am 2. März schien die Sonne am längsten innerhalb der ersten 4 Märztage.
- ☐ Nach einigen Stunden Sonnenschein gab es in Kassel in den ersten 4 Märztagen nur Regen.
- ☐ Am 5. März wird die Sonne in Kassel 6 Stunden scheinen.
- ☐ Am 4. März schien die Sonne in Kassel 4,5 Stunden (4 und eine halbe Stunde).

Rechenaufgaben entstehen meist aus einer Geschichte heraus. Und wenn du die Geschichte kennst, macht das Lösen für dich auch mehr Sinn, als einfach nur zu rechnen. Deshalb sollst du hier einmal Geschichtenerfinder sein und Aufgabentexte selbst schreiben. Achte beim „Finden" von Aufgabentexten darauf, ob die Zahlenangaben eine Größenangabe haben oder nicht und ob du zum Rechenzeichen einen passenden Begriff im Text findest.

1 Welcher der folgenden Texte passt zu dieser Aufgabe?

$$\begin{array}{r} 2006 \\ -\quad 43 \\ \hline \end{array}$$

a) Vater hat 2006 € auf seinem Konto. Er hebt 43 € ab. Wie viel Euro sind nun noch auf seinem Konto?

b) Ines will wissen, in welchem Jahr ihr Vater geboren wurde. Der gibt ihr aber nur den Tipp, sein Alter von der jetzigen Jahreszahl 2006 abzuziehen.

c) Tom überlegt: „Mein Vater ist jetzt 43 Jahre alt. In welchem Jahr ist er doppelt so alt?"

d) Im Jahr 2006 findet Vater auf seinem Dachboden ein Fotoalbum. „1963" steht darauf. Wie alt ist es?

Antwort: ______________________________

2 Welcher der folgenden Texte passt zu dieser Aufgabe?

$$\begin{array}{r} 15{,}00\ € \\ 6{,}00\ € \\ +\quad 0{,}50\ € \\ \hline \end{array}$$

a) Ninas ältere Schwester ist 15 Jahre alt, ihr Bruder 6 Jahre alt. Nina selbst hat 50 Cent. Wie viel ist das zusammen?

b) Klaus kauft für seine Pfadfinderausrüstung eine Taschenlampe für 15 € und Batterien für 6 €. Der Verkäufer gibt ihm die Taschenlampe um 50 ct billiger.

c) Anna kauft mit ihrer Mutter im Lebensmittelladen für 15 € ein, beim Metzger für 6 € und am Kiosk sucht sie sich einen Kaugummi für 50 ct aus. Wie viel Euro gaben die beiden insgesamt aus?

d) Vater bezahlt an der Tankstelle für Öl 15 €, für eine Wagenwäsche 6 € und für Benzin 50 €. Wie viel gibt er insgesamt aus?

Antwort: ______________________________

3 Welcher Aufgabentext passt zu dem Rechenbaum?

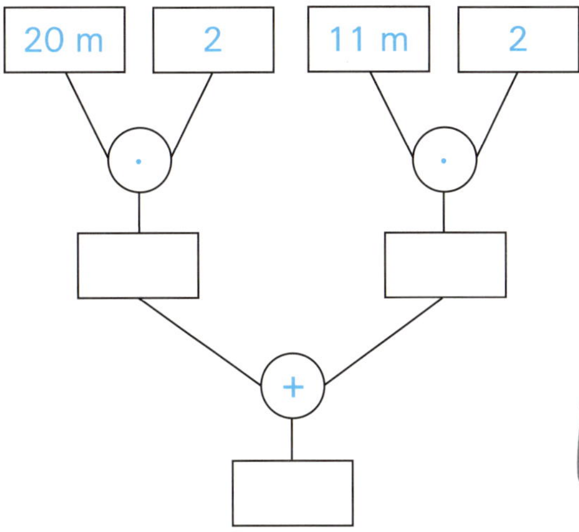

Tipp: Eine kleine Skizze kann dir helfen, die Zahlenangaben richtig zu verstehen.

a) Vater möchte einen neuen Zaun um sein rechteckiges Gartengrundstück. Es ist 20 m lang und 2 m breit. Wie viel Meter Zaun benötigt er?

b) Vater möchte einen neuen Zaun um sein rechteckiges Gartengrundstück. Es ist 20 m lang und 4 m breit. Wie viel Meter Zaun benötigt er?

c) Vater möchte einen neuen Zaun um sein rechteckiges Gartengrundstück. Es ist 20 m lang und 11 m breit. Wie viel Meter Zaun benötigt er?

d) Vater möchte einen neuen Zaun um sein Gartengrundstück. Es ist 20 m lang und quadratisch. Wie viel Meter Zaun benötigt er?

Antwort: ______________________________

Bist du fit fürs Gymnasium?

4 Franziska hat zu der folgenden Rechnung diesen Aufgabentext geschrieben. Begründe, warum er falsch ist.

etwa 7 min

Rechnung: 4 m + 3 m = 7 m
7 m · 2 = 14 m

Franziskas Text:
Ein Stück Garten, das 4 m lang und 3 m breit ist, soll mit Platten ausgelegt werden. Jede Platte ist 50 cm lang und 50 cm breit. Wie viele Platten werden benötigt?

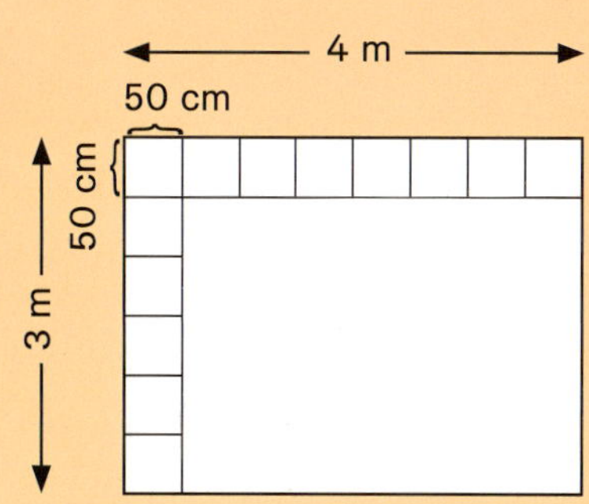

5 Formuliere einen Aufgabentext, der zu der Rechnung oben passt.
Beginne wie oben: Ein Stück Garten, das 4 m lang und 3 m breit ist, soll …

etwa 4 min

Tipp: Beschrifte die Skizze mit Maßangaben, die du in der Rechnung findest. Bedenke, dass du die Angaben in der Skizze als verkleinert ansehen musst.

Aufgabentexte, die keine Frage haben, fordern dich heraus, aus einem Text eine Mathematikaufgabe zu bilden.

- Achte deshalb auf Zahlen- und Größenangaben. Wenn es um eine bestimmte Größenangabe geht, nimm sie mit in deine Frage auf. Rechnen kannst du nur mit den Angaben, die im Text stehen.
- Eine schlüssige Antwort formulierst du am besten, wenn du den Text der Frage so umstellst, dass du nur noch die Lösung einsetzen musst.

1 Als Anni ihre Freundin Britta besuchen will, kommt sie 6 Minuten zu spät an der Haltestelle an. Die Busse fahren alle 20 Minuten.

Damit dir der Anfang nicht so schwerfällt, findest du hier den Beginn von Fragen, die du benutzen kannst. Vielleicht hast du dir ja selbst schon etwas Ähnliches ausgedacht, als du den Aufgabentext gelesen hast:

Wie viele Minuten muss Anni auf den ...?
In wie viel Minuten fährt ...?

Frage: ______________________________

____

Rechnung: ______________________________

Antwort: ______________________________

2 Max und Andy haben am Samstag einen Kinonachmittag geplant. Max' Vater spendiert die Karten und bringt die Kinder auch zum Kino.

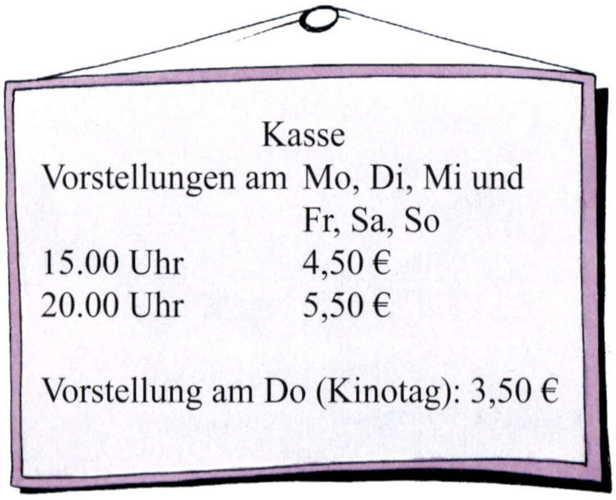

Frage: ______________________________

____

Rechnung: ______________________________

Antwort: ______________________________

3 Frau Welter besucht mit den 23 Kindern ihrer Klasse kurz vor Ferienbeginn das Museum für Römische Geschichte in der Stadt. Für 11 Uhr hat sie einen Führungstermin vereinbart. Für die Lehrerin ist die Führung kostenlos.

Museum für Römische Geschichte

Eintrittspreise

Erwachsene:	3,50 €
Kinder:	2,50 €

Schulklassen aus dem Stadtgebiet haben freien Eintritt.

Führung pro Person: 1,20 €

Frage: ______________________________

Rechnung:

Antwort: ______________________________

Bist du fit fürs Gymnasium?

4 Marcus steht an der S-Bahn-Haltestelle. In einer halben Stunde soll er zu Hause sein. In 12 Minuten kommt der Zug. Die Fahrt dauert 17 Minuten. Nach einem Fußweg von 8 Minuten wäre er dann zu Hause.

etwa 2 min

Tipp: Kopfrechnen ist nicht verboten. Leichte Rechenschritte im Kopf erledigt, ersparen dir Schreibarbeit und Zeit!

5 Die Nachmittagsvorstellung des Zirkus Zamballi ist bis auf 34 Plätze ausverkauft. Unter den Besuchern sind 42 Erwachsene. Insgesamt gibt es 168 Sitzplätze. Alle Kinder bekommen an diesem Tag einen Luftballon geschenkt.

etwa 5 min

6 Am Samstag und Sonntag besuchen den Zirkus insgesamt 80 Erwachsene und 121 Kinder.

Zirkus Zamballi

Erwachsene:	**5,00 €**
Kinder:	**3,00 €**

etwa 5 min

Textaufgaben mit schriftlicher Multiplikation und Division

- Bei der schriftlichen Multiplikation darfst du die Faktoren vertauschen. Wenn du zwei Faktoren mit unterschiedlich vielen Stellenwerten hast, kannst du dir Rechengänge sparen, wenn du die kleinere Zahl als zweiten Faktor nimmst. Beispiel: 34 · 5.
- Textstellen weisen manchmal deutlich auf die Rechenart hin, die du anwenden musst. Wörter wie „mal“ oder „verteilen“ solltest du besonders beachten.

1 a) Der Trainer besorgt für seine Fußballmannschaft, bei der auch Tim mitspielt, für das anstrengende Fußballturnier in der nächsten Woche 16 Kästen Wasser mit je 6 Flaschen. Wie viele Flaschen sind das insgesamt?

Rechnung:

Antwort: ______________________________

b) Er bezahlt pro Kasten insgesamt 3,90 €. Wie viel kostet dann eine Flasche?

Rechnung:

Antwort: ______________________________

2 Beim Training sollen 9 der Fußballkids den Ball in einer vorgegebenen Zeit so oft wie möglich hochköpfen. Schließlich zählt der Trainer insgesamt 153 Kopfbälle. Wie viele wären das für jedes Kind, wenn man die Kopfbälle gleichmäßig verteilen würde?

Rechnung:

Antwort: ______________________________

3 Auf dem Schulfest nahm die Klasse 4a 378 € ein. Das Geld reicht ungefähr für die Fahrt der Klasse in ein Freilichtmuseum. Da die ganze Schule diesen Ausflug ins Freilichtmuseum plant, muss insgesamt 12-mal so viel Geld aufgebracht werden.

Frage: ____

____

Rechnung:

Antwort: ____

____

Bist du fit fürs Gymnasium?

4 Für eine Musikveranstaltung in einer Mehrzweckhalle wurden 5532 Karten verkauft. Die Stühle für die Sitzplätze können auf 3er- oder 4er-Blöcke verteilt werden. Es soll aber in jedem Block eine gerade Anzahl an Sitzplätzen sein. Für welche Blockverteilung muss sich der Veranstalter entscheiden? Oder sind beide Verteilungen möglich?

etwa 8 min

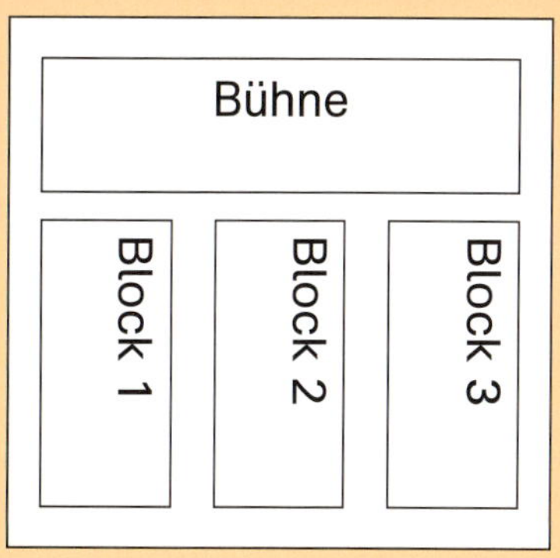

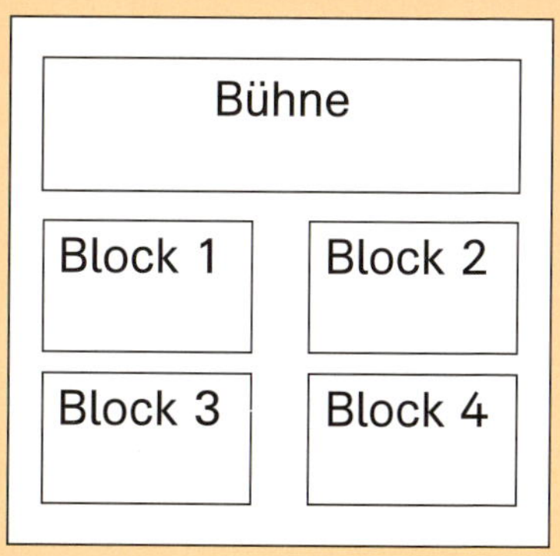

5 Marie besucht mit ihrem Vater ein Fußballspiel. Der Stadionsprecher gibt durch, dass sich im Stadion 23 198 Zuschauer befinden. Sie weiß, dass ihre Karte 18,60 € gekostet hat und fragt sich: Wenn jede Karte so viel kostet, wie viel ...? Formuliere Maries Frage zu Ende, und rechne aus, was sie dann weiß.

etwa 8 min

Tipp: Das Ergebnis hat bei Multiplikationen so viele Stellen hinter dem Komma, wie die beiden Faktoren zusammen. Schätze das Ergebnis durch einen Überschlag. Dann kannst du bei der Kommasetzung nichts falsch machen.

Textaufgaben mit schriftlicher Division (mit und ohne Rest)

Bleibt bei einer Divisionsaufgabe ein Rest, so notiere ihn hinter dem Ergebnis mit der Abkürzung **R** oder dem Wort **Rest**. Beispiel: 232 : 5 = 46 **R** 2 (oder 46 **Rest** 2).

1 Stefanie will ihre Glanzbildersammlung an ihre 3 Freundinnen verteilen. Sie hat 256 Bilder. Wie viele Bilder bekommt jedes Mädchen?

Rechnung:

Antwort: ____

2 1 038 Eintrittskarten wurden für die nächsten 4 Vorstellungen des Stadttheaters verkauft. Können in jeder Vorstellung gleich viele Besucher sein?

Rechnung:

Tipp: Wenn du Zeit hast, mache nach deinen Divisionsaufgaben jeweils die Probe mit der Umkehraufgabe (Multiplikation). Vergiss dabei nicht, den Rest am Schluss zu deinem Ergebnis zu addieren.

Antwort: ____

____

3 In der Papageienvoliere des Zoos werden täglich 1 250 Sonnenblumenkerne (5 Stück sind ca. 1 g) für die 8 Tiere bereitgestellt. Wie viele Kerne wären das für jeden Papagei, wenn jeder gleich viel fräße?

Rechnung mit Probe:

Antwort: ____

____

4 Vater muss für sein neues Auto noch 4 280 € monatlich in 8 gleich großen Raten abzahlen. Wie viel muss er pro Monat bezahlen?

Überschlag: ____________ : 8 = __________

Rechnung mit Probe:

Antwort: ____

5 Es sollen 2 760 Fernsehzeitungen an 9 Geschäfte ausgeliefert werden. Alle Läden sollen gleich viele Zeitungen erhalten. Wenn Zeitungen übrig bleiben, sollen sie dem letzten Laden zukommen. Wie viele Zeitungen erhält jeder Laden?

Überschlag: ____

Rechnung mit Probe:

Antwort: ____

____

Bist du fit fürs Gymnasium?

6 436 Baumstämme werden zur Sägemühle gebracht. Ein Lkw kann immer 8 Stämme laden. Es stehen 4 Lkw zur Verfügung.
a) Wie viele Stämme muss jeder Lkw befördern?
b) Wie viele voll beladene Fahrten sind für jeden Lkw nötig?
c) Mit wie vielen Lkw könnten dann die restlichen Stämme befördert werden?

etwa 10 min

7 Mutter entdeckt im Supermarkt ein Sonderangebot. Ein Paket mit 8 Bechern Sahnejoghurt kostet 7,12 €. Der Normalpreis für 1 Becher beträgt 1,15 €.
a) Wie viel kostet ein Becher im Sonderangebot?
b) Wie viel spart Mutter an 8 Bechern, wenn sie das Sonderangebot wählt?

etwa 4 min

Tipp: Beträge in Cent umwandeln, und so das Komma beim Rechnen vermeiden!

Textaufgaben: Rechnen mit Geld

- Beim schriftlichen Addieren und Subtrahieren von Geldbeträgen stehen die Kommas als Trennzeichen von Euro und Cent **immer genau** untereinander.
- Bei Beträgen, die kleiner sind als ein Euro, steht vor dem Komma eine 0, z. B. 0,52 €.
- Bei glatten Euro-Beträgen werden die Cent-Stellen hinter dem Komma mit Nullen oder manchmal mit einem Strich aufgefüllt, z. B. 5,00 € oder 5,– €. Auch bei einem Kassenbon ist das so. Überzeuge dich selbst.

1 Nina geht mit ihrer Mutter einkaufen. Zu Hause nimmt sie sich den Kassenbon vor und will einmal nachrechnen, ob die „Kasse" auch richtig addiert hat. Sie findet die Beträge: 3,89 €; 1,05 €; 0,49 € und 6-mal den Betrag 1,29 €. Als Summe steht da 13,17 €.

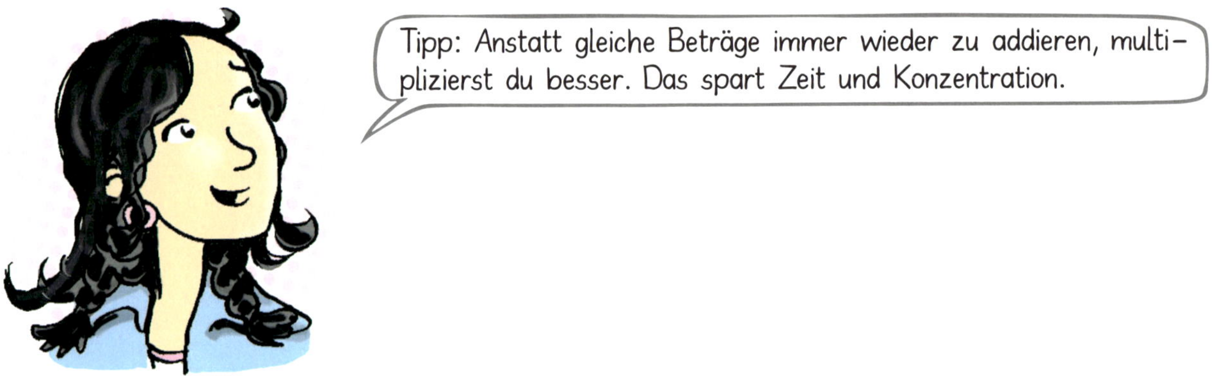

Rechnung:

Antwort: Die Kasse hat ______________ addiert.

2 a) Als Nina am nächsten Tag allein einkaufen geht, hat sie 2 Brötchen zu je 23 Cent, ein Paket Butter zu 1,19 € und 2 Päckchen Kaugummi zu insgesamt einem Euro gekauft. Schreibe die Beträge – wie auf einem Kassenbon – untereinander, und addiere sie. Was muss Nina bezahlen?

Rechnung:

Antwort: ____

b) Nina bezahlt mit einem 10-Euro-Schein. Wie viel Rückgeld erhält sie?
Rechne das schriftlich aus.

Rechnung:

Antwort: ______________________________

____

____

3 Martin muss seine Buntstifte für die Schule ergänzen. Er braucht insgesamt 7 Stifte. Einer kostet im Schreibwarenladen 0,22 €. Wie viel muss er bezahlen?

Tipp: Beim Multiplizieren und Dividieren kannst du das Komma nicht durch stellengerechtes Untereinanderschreiben richtig setzen. Deshalb ist vor der Rechnung ein Überschlag sehr hilfreich. Ebenfalls hilfreich ist die Umwandlung von Beträgen in Cent, weil dann das Komma beim Rechnen wegfällt. In der Antwort kannst du es dann wieder setzen.

Überschlag: ______________________________

Rechnung:

Antwort: ______________________________

____

____

Bist du fit fürs Gymnasium?

4 Mutter überlegt: „Für 9 Dosen Fisch habe ich eben im Supermarkt 10,35 € bezahlt. Den Kassenbon habe ich nicht mitgenommen. Nun sehe ich in einem anderen Laden dieses Sonderangebot. Wäre das günstiger gewesen?“

etwa 6 min

5 a) Mara und Johannes verkaufen auf dem Schulfest Limonade, Apfelsaft und Wasser an die Gäste. Der Becher Limo kostet 0,40 €, Apfelsaft 0,60 € und Wasser 0,30 €. Nach einer halben Stunde haben sie 17 Becher Wasser, 22 Becher Limo und 12 Becher Apfelsaft verkauft. Wie viel Euro haben sie eingenommen?

etwa 9 min

b) Am Ende des Festes hat der Getränkestand insgesamt 182,40 € eingebracht. Dieser Erlös wird gleichmäßig auf die acht Klassen der Schule verteilt.

Textaufgaben: Rechnen mit Längen

Achte in den Texten auf Fachbegriffe wie Länge, Höhe und Breite. Größenangaben können manchmal auch als ausgeschriebenes Wort vorkommen!

1 km = 1 000 m $\frac{1}{2}$ km = 0,500 km = 500 m   1 m = 100 cm   1 cm = 10 mm

1 Rebecca, Manuel und Carsten machen eine Fahrradtour zum Wiesensee. Rebecca holt Manuel ab. Er wohnt 3 500 m weit von ihr entfernt. Gemeinsam fahren sie die 2 km zu Carstens Haus. Von dort sind es noch 4 km und 350 m bis zum Wiesensee.

a) Wie viel Kilometer und Meter fährt Rebecca insgesamt, wenn sie den gleichen Weg wieder zurückfährt?

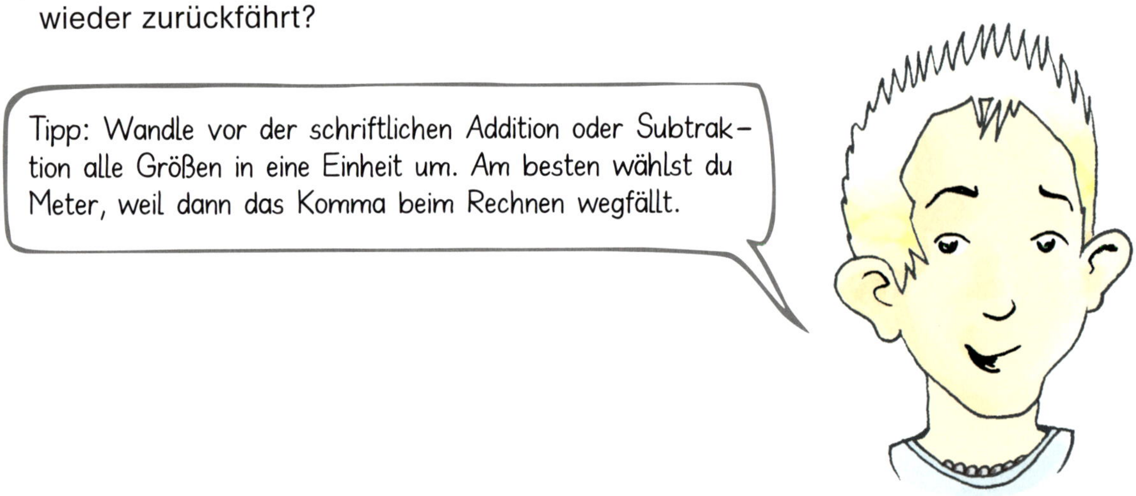

Rechnung:

Antwort: Rebecca fährt insgesamt _____ km und _____ m.

b) Wie viel Kilometer fährt Manuel insgesamt? Schreibe mit Komma.

Rechnung:

Antwort: Manuel fährt insgesamt _____ , _____ km.

c) Wie viel Meter legt schließlich Carsten zurück?

Rechnung: ____________________

Antwort: Carsten fährt insgesamt _________ m.

2 Die 4b hat ihren Schulhof ausgemessen. Er ist rechteckig. Die Kinder fanden heraus, dass er 68 m lang und 32 m breit ist.
a) Wie viel Zentimeter sind das jeweils?

Rechnung: ______________________________

Antwort: ______________________________

b) Das Beet an der Längsseite des Schulhofes soll mit 34 cm langen Steinplatten vom Schulhof abgegrenzt werden. Wie viele Steinplatten sind nötig?

Deine Überlegung, z. B. eine Skizze:

Antwort: ______________________________

Bist du fit fürs Gymnasium?

3 Fabian möchte Struppi, seinen Hund, möglichst naturgetreu aufzeichnen. Er misst seine Höhe vom Boden bis zum Kopf: 45 cm. Dann misst er die Länge vom Schwanz bis zur Nasenspitze: 63 cm. Das Blatt auf seinem Zeichenblock ist 13 cm hoch und 18 cm lang. Reicht das aus, wenn Fabian Struppi 3-mal so klein aufzeichnen will, wie er in Wirklichkeit ist?

etwa 4 min

4 Isabel zeichnet in ihr Heft ein Rechteck. Es ist 3 cm und 5 mm lang und 4 cm und 3 mm breit. Sie sagt: „Wenn ich diese Strecken mit 100 multipliziere, dann habe ich die Größe meines Kinderzimmers in Wirklichkeit."

etwa 4 min

Tipp: Trage deine Ergebnisse in eine Stellenwerttafel ein. Dann kannst du die Antwort auch als Kommazahl schreiben.

5 Herr Maier ist Schreiner. Er sägt für 8 Stühle aus langen Balken (je 2,10 m) die Stuhlbeine (je 40 cm) zurecht. Bei jedem Schnitt gehen durch das Sägeblatt 3 mm von jedem Bein verloren. Das hat er natürlich berücksichtigt. Wie viel cm sind das insgesamt, die durch die Schnitte verloren gehen?

etwa 3 min

1 t = 1 000 kg 1 kg = 1 000 g $0,5 \text{ kg} = \frac{1}{2} \text{ kg} = 500 \text{ g}$

Die erste Ziffer hinter dem Komma nennt die 100-g-Teile. Wenn es keine 10-g-Teile und keine 1-g-Teile gibt, kannst du sie als Nullen aufschreiben oder weglassen. Meistens wirst du die Schreibweise ohne Nullen finden.
Beispiel: 1,6 kg = 1 kg und 600 g oder 1,600 kg

1 Verena will wissen, wie schwer die Einkaufstasche ist, die sie trägt. Zu Hause schreibt sie untereinander auf, welche Gewichte auf den Packungen aufgedruckt sind: 4 Becher Joghurt zu je 125 g; 3 Tafeln Schokolade zu je 100 g; 250 g Butter und 1 Tüte Fruchtgummi zu 60 g. Wie viel kg hat Verena getragen? Das Gewicht der Verpackungen und der Tasche beträgt 0,4 kg.

Rechnung:

Antwort: ____

____

2 Ferdi hat im Garten seines Opas 15 reife Pfirsiche vom Baum gepflückt.
Im Durchschnitt wiegt jeder 115 g. Wie viel kg und g wiegen dann alle zusammen?

Rechnung:

Antwort: ____

3 Ein Lkw lädt 8 Paletten mit Steinen für den Bau eines Hauses ab. Zusammen wiegen die Paletten 12 t. Wie viel t und kg wiegt eine Palette?

Tipp: Oft ist es möglich, die Lösung über eine geeignete Tabelle zu finden. Achte aber immer darauf, mit welchen Größenangaben du antworten sollst, und vergiss das Umwandeln nicht!

Anzahl Paletten	8	4	2	1
Gewicht in kg				

Antwort: ______________________________

4 Vier Lkw transportieren die Einzelteile eines Fertighauses. Jeder hat gleich viel geladen. Zusammen sind es 28 t. Wie viel kg transportiert jeder Lkw? Lege zur Lösung dieser Aufgabe eine Tabelle in deinem Heft an.

Bist du fit fürs Gymnasium?

5 Ein Lkw wiegt leer 4 230 kg. Er darf höchstens eine Last von 2,420 t aufnehmen. Heute hat er Sand geladen. Sein Gesamtgewicht beträgt damit 5 t und 714 kg.

etwa 7 min

a) Wie viel t darf sein Gesamtgewicht höchstens betragen (Kommazahl)?
b) Wie viel t und kg wiegt die Ladung Sand?
c) Wie viel kg Sand hätte er noch zusätzlich laden dürfen?

6 Bäcker Schmitt hat 18 kg Brotteig vorbereitet. Er möchte 25 Brote zu je 750 g backen.

etwa 6 min

a) Schafft er das mit dieser Menge?

Tipp: Arbeite mit einer Tabelle, die du so beginnen kannst:

Anzahl der Brote	1	10	5
Gewicht in g	750		

b) Am nächsten Tag möchte er 35 Brote backen. Wie viel kg Teig muss er dafür vorbereiten?

Tipp: Du kannst in der Tabelle oben weiterarbeiten.

1 l = 1 000 ml   0,5 l $= \frac{1}{2}$ l = 500 ml   0,25 l = $\frac{1}{4}$ l = 250 ml

1 Lina füllt das Babytrinkfläschchen ihrer kleinen Schwester mit $\frac{1}{4}$ l Wasser und stellt es offen in die Sonne. Nach 3 Stunden liest sie an der Skala 237 ml ab.

a) Wie viel ml Wasser sind verdunstet?

Rechnung:

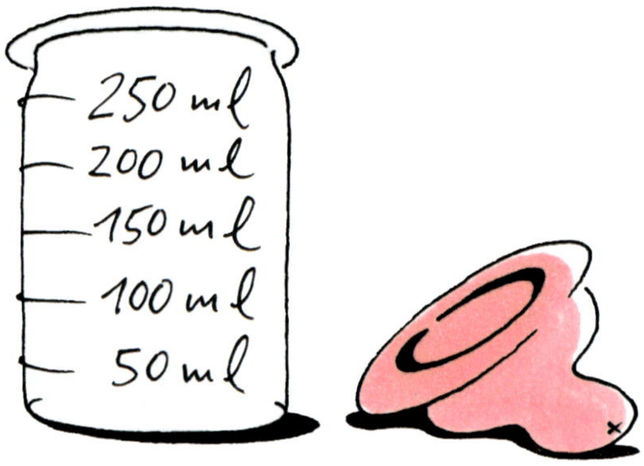

Antwort: ______________________________

b) Wandle das Ergebnis in l (Kommazahl) um.

umwandeln: ______________________________

2 Für ihren Lieblingskuchen benötigt Mutter $\frac{1}{8}$ l Milch. Alle 5 Familienmitglieder mögen ihn so gerne, dass es zu jedem Geburtstag einen gibt. Wie viel Liter Milch verbraucht Mutter im Jahr für ihre Kuchen?

Rechnung:

Antwort: ______________________________

____

3 Für Marisas Geburtstagsparty hat ihre Mutter 1 l Orangensaft, 1 l Apfelsaft, 1 l Mineralwasser und eine Menge Trinkgläser, die jeweils 250 ml fassen können, bereitgestellt. Wie viele Gläser können mit den Getränken gefüllt werden?

Tipp: Arbeite mit der folgenden Tabelle. Natürlich kannst du auch im Kopf oder schriftlich rechnen.

Rechnung:

Getränkemenge in ml	250	1 000 (= 1 l)	3 000 (= 3 l)
Anzahl der Gläser	1		

oder andere Überlegung:

Antwort: ____

____

Bist du fit fürs Gymnasium?

4 In einem Wasserkasten befinden sich 12 Flaschen Mineralwasser. Jede Flasche fasst 0,75 l.

etwa 8 min

a) Wie viel l Wasser sind in einem Kasten?

Tipp: Das Komma trennt Liter von Millilitern. 1 l = 1 000 ml; also sind 3 Stellen hinter dem Komma „normal". Hier sind es aber nur 2 Stellen. Was kann das nur bedeuten?

b) In einem Restaurant wird 1 Liter Wasser aus den Flaschen in eine hübsche Karaffe umgefüllt. Wie viele Flaschen werden benötigt, und wie viel ml Wasser bleiben in der letzten Flasche übrig?

c) Insgesamt wurden am Abend 7 Karaffen mit Wasser gefüllt. Wie viele Flaschen benötigte man dafür? Lege eine Tabelle an.

5 Eine Regentonne fasst 300 l Wasser. Wenn Herr Stein nun täglich 5 l davon in seine Gießkanne abfüllt, um sein Rosenbeet zu gießen,

etwa 6 min

a) nach wie viel Tagen ist die Tonne dann leer?

b) Die Gießkanne von Herrn Müller fasst 6 000 ml. Wie oft könnte er sie aus einer 300-l-Tonne füllen?

c) Wenn aus einer Regentonne täglich genau 7,5 l Wasser entnommen werden, und die Tonne nach 40 Tagen leer ist, wie viel l Wasser waren dann am Anfang in der Tonne?

1 Stunde (h) = 60 min   1 min = 60 s

Bei der Arbeit mit Zeitspannen können dir ein Zahlenstrich als Skizze oder Tabellen oft eine wertvolle Hilfe sein.

1 Clara und Marc wollen sich um 15 Uhr vor dem Kino treffen. Clara braucht 16 Minuten bis dahin, Marc 22 Minuten. Um wie viel Uhr muss jeder losgehen, um pünktlich zu sein?

Deine Überlegung:

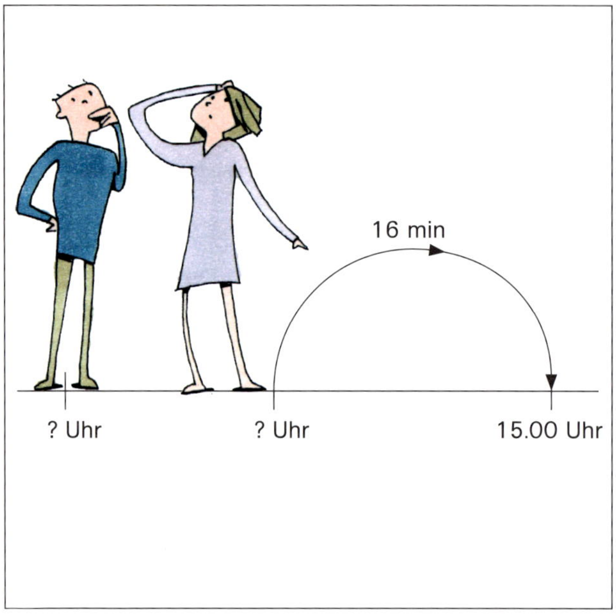

Antwort: ______________________________

____

2 Familie Grünwald macht einen Ausflug zur Talsperre. Sie fahren um 9.15 Uhr von zu Hause los. Unterwegs halten sie für 20 Minuten an einem besonders schönen Aussichtspunkt an. Sie treffen um 11.05 Uhr an ihrem Ausflugsziel ein.

a) Wie lang ist die reine Fahrzeit zur Talsperre?

Tipp: Wenn du mit einem Zahlenstrich arbeitest, kannst du dir die Zeitspannen deutlich machen. Denke dabei auch an die Pause.

Rechnung mit oder ohne Zahlenstrich:

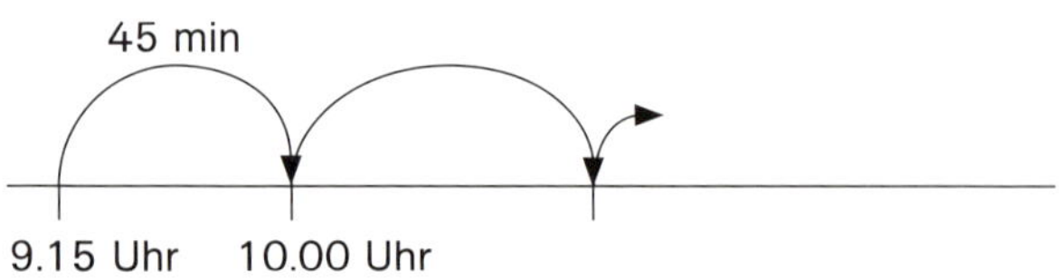

Antwort: ______________________________

b) Herr Grünwald fuhr durchweg 60 km pro Stunde.
Wie viel Kilometer ist dann die Talsperre von zu Hause entfernt?

Deine Überlegung:

Antwort: ______________________________

3 Es ist 14.00 Uhr. Kalle ist bei seinem Cousin Martin um 15.00 Uhr zum Geburtstag eingeladen. Zur Straßenbahnhaltestelle braucht er 6 Minuten. Die Bahn hält nach der zweiten Station genau vor Martins Haustür. Um wie viel Uhr muss Kalle spätestens losgehen, um noch pünktlich zu sein?

Teil des Fahrplans, der für Kalle wichtig ist:

Hauptstraße	14.17 Uhr	14.27 Uhr	14.37 Uhr	14.47 Uhr
Blumenstraße	14.25 Uhr	14.35 Uhr	14.45 Uhr	14.55 Uhr
Kornstraße	14.34 Uhr	14.44 Uhr	14.54 Uhr	15.04 Uhr

Rechnung: ______________________________

Antwort: ______________________________

____

Bist du fit fürs Gymnasium?

4 Herr Schreiber muss von Köln nach Stuttgart reisen. Er will den Zug nehmen.
Er kann frühestens um 14.00 Uhr am Bahnhof sein und folgende Züge nehmen:

etwa 5 min

IC 3404 Abfahrt: 14.07 Uhr Der Zug braucht 3 Stunden und 31 Minuten.

ICE 783 Abfahrt: 14.26 Uhr Der Zug braucht 3 Stunden und 4 Minuten.

ICE 076 Abfahrt: 15.23 Uhr Der Zug braucht 2 Stunden und 20 Minuten.

Für welchen Zug soll sich Herr Schreiber entscheiden, um möglichst früh in Stuttgart zu sein?

5 Kathrin hat bald Geburtstag. Sie hat sich ausgerechnet, dass es bis dahin noch 144 000 Sekunden sind. Wie viel Stunden sind das?

Tipp: Hier ist wieder eine Tabelle hilfreich.

Stunden	1	
Sekunden		

etwa 6 min

Oft ist es nicht möglich, die Lösung einer Textaufgabe mit nur einer Rechnung zu finden. Das hast du bei der einen oder anderen Aufgabe sicher schon festgestellt. Wenn du den Aufgabentext aber sorgfältig liest, kannst du oft Signalwörter entdecken, die dir die Rechenarten verraten, die du anwenden musst. Beispiele sind: **insgesamt** für +, **aufgeteilt** für **:**, **mal** für · oder **abgeben** für **–**.

1 In den Sommermonaten bestellt Herr Stürmer dreimal pro Monat für seinen Kiosk je 40 Kästen Mineralwasser. Und zweimal im Monat je 30 Kästen Limonade. Wie viele Kästen mit Getränken bekommt er insgesamt in einem Monat?

Rechnung:

Tipp: Unterstreiche im Text die Signalwörter, die dir die Rechenoperationen verraten. Schreibe dann die Rechnungen auf, und vergleiche sie mit den unterstrichenen Textstellen.

Antwort: ______________________

____

____

____

2 Um Fenstergriffe in einem Neubau zu montieren, sind pro Fenster 4 spezielle, rostfreie Schrauben nötig. Der Monteur kauft genau die passende Menge. Für die großen Fenster kauft er 52 Schrauben, für die kleineren 68 Schrauben. Wie viele Fenster befinden sich insgesamt in dem Neubau? (Unterstreiche zuerst die Signalwörter im Text!)

Rechnung:

Antwort: ______________________

3 Maria, Sandra und Claudia messen sich, um ihre Größen festzustellen und miteinander zu vergleichen. Claudia ist 1,31 m groß, 4 cm größer als Sandra und 2 cm kleiner als Maria. Wie groß ist jedes Mädchen?

Tipp: Bevor du unterstreichst und rechnest, zeichne eine kleine Skizze mit den drei Mädchen. Schreibe die Namen der Kinder dazu.

Deine Skizze:

Rechnung:

Antwort: ______________________________

____

Bist du fit fürs Gymnasium?

4 Max sagt zu Tim: „Wenn ich von zu Hause viermal 714 m geradeaus gehe und anschließend die Hälfte des Weges zurückgehe und dann noch einmal den dritten Teil des restlichen Weges zum Haus hingehe, wie weit bin ich dann von zu Hause entfernt?"

etwa 5 min

5 In einer Molkerei werden täglich 6 400 Becher Fruchtjoghurt über einen Zeitraum von 42 Tagen hergestellt und an insgesamt 300 Geschäfte gleichmäßig verteilt. Wie viele Becher bekommt schließlich jeder Laden?

etwa 4 min

Tipp: Wenn du eine Aufgabe nicht schriftlich rechnen kannst, denke daran, dass es auch andere Möglichkeiten gibt, die Lösung sicher zu finden.

Komplexe Textaufgaben: Umgang mit Pfeilbildern bei Gleichungen

Wenn in einer Textaufgabe ein Zahlenwert gesucht wird, der über eine Anzahl von Rechenoperationen zu finden ist, kannst du ihn über ein **Pfeilbild** ermitteln.

Dabei ordnest du Kästchen für Zahlenwerte im Wechsel mit Pfeilen für die Rechenoperationen an. Meist kannst du ein Kästchen am Anfang oder Ende des Pfeilbildes mit einem Wert aus dem Text ausfüllen und die passende Operation über den Pfeil schreiben. Je nachdem, in welche Richtung der Pfeil zeigt (deine Rechenrichtung), musst du **Operation** oder **Umkehroperation** anwenden. Die Umkehroperation zur Addition ist die Subtraktion, die zur Multiplikation die Division. Probiere das an der ersten Aufgabe aus.

1 Bei einer CD wurde zweimal hintereinander der Preis gesenkt. Zuerst um 1,99 € und später noch einmal um 1,79 €. Jetzt kostet sie 16,12 €. Wie viel Euro hat sie ursprünglich gekostet?

Fülle die leeren Kästchen aus. Schreibe auch die passenden Rechenoperationen unter die grauen Umkehrpfeile.

☐	− 1,99 € →	☐	− 1,79 € →	16,12 €
	← ☐		← + 1,79 €	

Tipp: Betrachte die Richtung der Pfeile. Kannst du die Lösung finden, wenn du in diese Richtung gehst? Was weißt du von Umkehraufgaben?

Antwort: ______________________________

2 Manuel hat aus all seinen bunten Steckwürfeln einen Turm gebaut. Anschließend nahm er die oberen 16 Würfel ab und steckte dann aber wieder 7 Würfel auf. Jetzt ist sein Turm 43 Würfel hoch. Aus wie vielen Würfeln bestand er ursprünglich?

Finde die Lösung der Gleichung, indem du zuerst die Pfeile und dann die Umkehrpfeile richtig beschriftest und rechnest.

☐	→	☐	→	43
	← ☐		← ☐	

Antwort: ______________________________

____

3 Anitas kleine Schwester hat jetzt 17 Gummibärchen vor sich liegen und sagt: „Ich habe zuerst acht wieder in die Tüte zurückgetan. Dann habe ich noch einmal drei zurückgetan, aber zum Schluss habe ich mir wieder fünf herausgenommen.“ Wie viele Gummibärchen hatte die Schwester ursprünglich vor sich liegen?

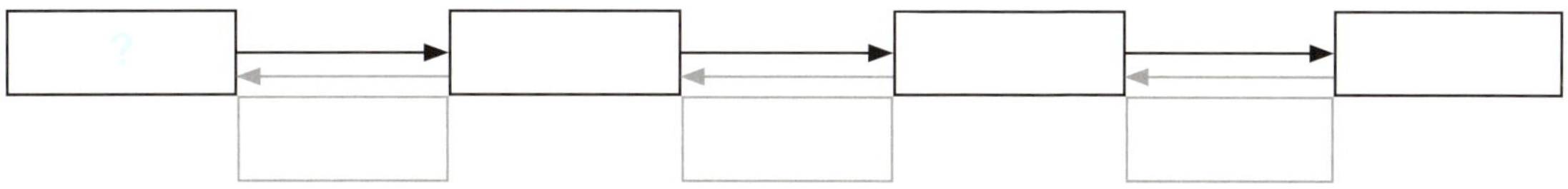

Antwort: ______________________

____

____

____

4 Iris' Vater hat ihr aus seinem Betrieb ein langes Seil mitgebracht. Die Hälfte des Seiles schenkt sie ihrer Freundin. 120 cm schneidet sie für ihre Schwester ab. Nun ist das Seil noch 240 cm lang. Wie viel Zentimeter war es ursprünglich lang?

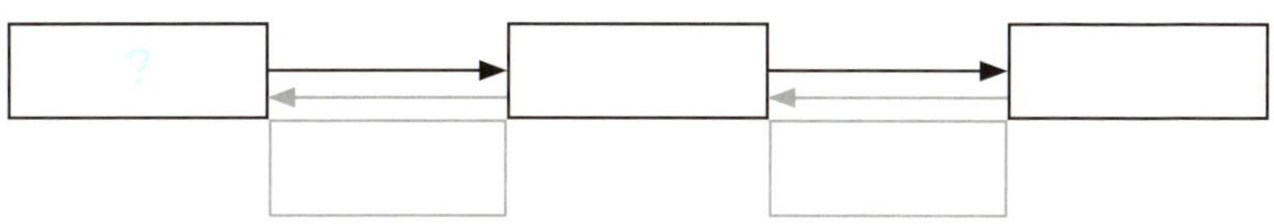

Antwort: ______________________

Bist du fit fürs Gymnasium?

5 Ferdi sagt: „Wenn ich zu meinem Alter 10 hinzuzähle und dann mit 2 multipliziere, erhalte ich 40. So alt ist mein Vater. Wie alt aber bin ich?“

etwa 3 min

6 In den letzten 6 Wochen hat sich die Regentonne der Familie Meier mit zusätzlich 8 l Wasser gefüllt. Dann aber wurde es heiß, und Herr Meier verbrauchte zum Gießen seiner Blumen 19 l Wasser. Durch eine undichte Stelle, die sich in der Tonne bildete, ging leider noch einmal die Hälfte des Wassers verloren. Jetzt sind noch 50 l da. Wie viel Liter Wasser waren vor dem Regen in der Tonne?

etwa 4 min

7 Ich denke mir eine Zahl, multipliziere sie mit 3, subtrahiere dann 28, dividiere durch 2, addiere 198 und erhalte 700. Wie heißt die Zahl?

etwa 5 min

8 Wenn ich meine Zahl durch 3 dividiere, 17 addiere und schließlich mit 20 multipliziere, erhalte ich 440. Wie heißt die Zahl?

etwa 4 min

Wenn es darum geht, Vergleiche anzustellen, dann ist eine Tabelle oft hilfreich. Schreibe neben der **Tabelle** auf, welchen **Rechenschritt** du vornimmst, um zum nächsten Wert zu kommen. Bedenke, dass du auf jeder Seite die gleiche Rechenoperation durchführen musst. Die Menge der Schritte kannst du selbst bestimmen.

1 Kim geht mit ihrer Mutter einkaufen und überlegt, was wohl die anderen Packungen Joghurt kosten. Dort fehlen noch die Preisschilder.

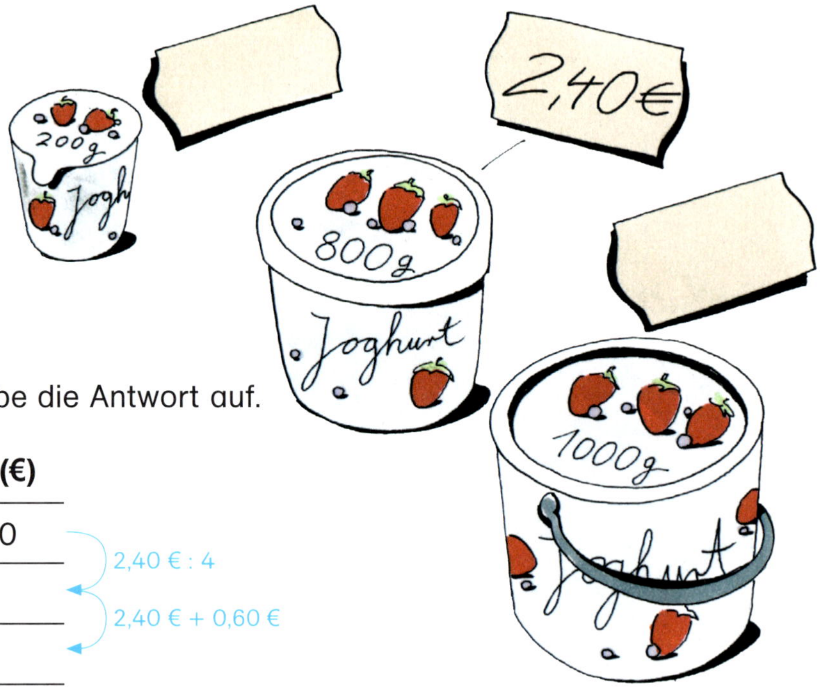

Fülle die Lücken aus, und schreibe die Antwort auf.

	Joghurt (g)	Preis (€)	
	800	2,40	
800 g : 4	200		2,40 € : 4
800 g + 200 g			2,40 € + 0,60 €

Antwort: ____

2 a) Wenn Familie Schroeder in Urlaub fährt, versorgt der Großvater gerne deren Papagei. Der bekommt jeden Tag als Hauptfutter 70 g Körner. 1 kg Futter kostet 3,00 €. Wie viel Euro kostet das Futter für 10 Tage?

Tipp: Überlege zunächst, wie viel Gramm Futter er in 10 Tagen verspeist. Wenn du ohne Komma rechnen willst, ersetze das €-Zeichen durch ct, und lass das Komma bei den Preisen weg. Wandle dann das Ergebnis wieder in Euro um, denn danach ist gefragt!

Deine Überlegung:

Futter (g)	Preis (€)
1 000	3,00
100	

Antwort: ____

b) Wie viel kostet das Hauptfutter für den Papagei im Jahr (365 T.)?
Plane deine Tabelle hier selbst!

Tage	Preis (€)

Antwort: ______________________________

____

____

3 Herr Reber überlegt, wie viel Geld er bei dem Sonderangebot spart, wenn er 800 g Schokolade kauft.

Schoko (g)	Preis (€)
100	0,88

Antwort: ______________________________

____

Bist du fit fürs Gymnasium?

Tipp: Achte beim Anlegen deiner Tabelle auf die Überschriften der Spalten. Lies die Fragen sehr genau, bevor du antwortest.

4 Vier Pakete Salzstangen kosten im Supermarkt an der Ecke 3,68 €. Im Laden in der Sonnenstraße kosten sechs Pakete 5,34 €. Wo kauft Susi für ihre Party am günstigsten ein?

etwa 6 min

5 Nach 42 Minuten sind 600 l Wasser in den Gartenteich von Onkel Max geflossen. Insgesamt passen genau 1000 l Wasser hinein. Wie lange dauert es noch, bis der Teich voll ist?

etwa 5 min

Test: Textaufgaben

45 min

Name:	Klasse:	Datum:

1

Das Kindertheater ist heute bis auf 18 Plätze ausverkauft. Insgesamt gibt es 135 Plätze. Es sind 86 Kinder da.

4 P.

2

Markus bekommt von Onkel Hans 25 € und von seiner Tante 15 € zum Geburtstag geschenkt. Seit 4 Monaten spart er außerdem sein Taschengeld von je 2,20 € pro Woche.

Fülle den Rechenplan aus, und korrigiere ihn, falls er Fehler enthält.

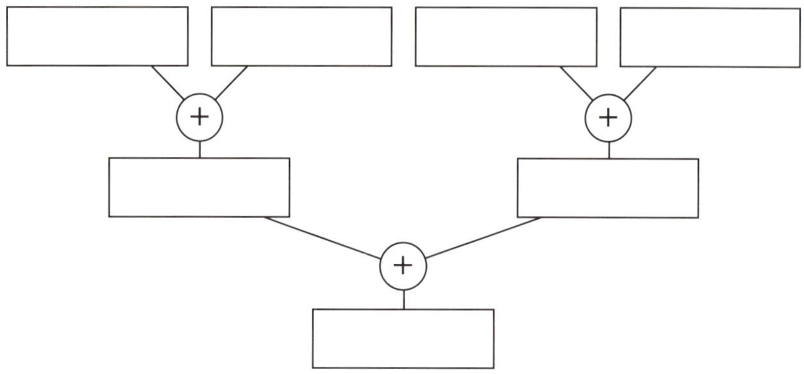

4 P.

3

Tanjas Mutter besucht seit 7 Jahren zweimal pro Woche den Kurs für Aqua-Gymnastik. Er findet wegen der Ferien und Feiertage an 13 Wochen im Jahr nicht statt. Wie viele Male hat sie den Kurs schon besucht?

4 P.

4

Pro Tag werden in der Fabrik 13 440 Gläser mit Waldbeergelee gefüllt. Die Bänder laufen 8 Stunden. Wie viele Gläser sind das pro Stunde? Wie viele pro Minute?

3 P.

5

Gaby addiert die Preise, die sie bei den Einkäufen ihrer Mutter findet. Sie wandelt alle Preise in Cent um:

52 ct + 108 ct + 269 ct + 5 ct + 132 ct + 14 ct + 79 ct + 330 ct

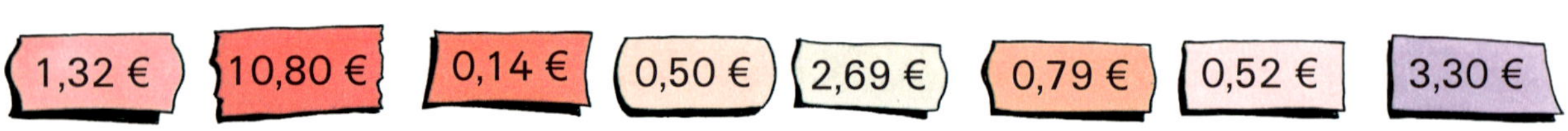

Doch Gaby sind beim Umwandeln 2 Fehler unterlaufen. Berichtige sie, schreibe alle Centbeträge untereinander, und addiere sie. Wandle das Ergebnis in Euro um.

4 P.

6 Ein Reisebus hat 42 Sitzplätze für Fahrgäste. Bei der Konstruktion wurde von einem Durchschnittsgewicht von 75 kg pro Fahrgast ausgegangen. Jede Person darf außerdem 20 kg Reisegepäck mitnehmen. Wie viel Tonnen darf der Bus dann befördern, wenn du den Fahrer und einen Begleiter mit hinzuzählst?

| | 3 P. |

7 Max misst: Eine Schnecke legt in 10 Sekunden eine Strecke von 2 cm zurück. In wie viel Minuten und Sekunden hätte sie 1 m geschafft?

| | 5 P. |

8 Miras Meerschweinchen hat vor 1 Woche zuerst 24 g zugenommen. Dann verlor es 16 g. An den nächsten 3 Tagen nahm es jeweils um 4 g zu. Am nächsten Tag waren es wieder 9 g weniger. Heute wiegt es 1 023 g. Wie viel wog es vor einer Woche? Erstelle ein Pfeilbild.

| | 5 P. |

9 Was ist günstiger? Lege 2 Tabellen an und vergleiche.

| | 5 P. |

10 „Meine Zahl ist eine Quadratzahl. Wenn ich sie halbiere, dann 8 addiere und schließlich verdreifache, erhalte ich eine Zahl, die zwischen 100 und 130 liegt, deren Quersumme 3 ist und die durch 2, 3, 4, 5, 6, 8, 10 und 12 ohne Rest teilbar ist."

Löse mit einem Pfeilbild!

| | 6 P. |

In dieser Klassenarbeit habe ich ☐ Punkte von insgesamt 43 Punkten erreicht.

Das entspricht der Note ☐. (Schau in den Lösungen auf Seite 46 nach.)

Würfelnetze

1 Fülle die Tabelle aus.

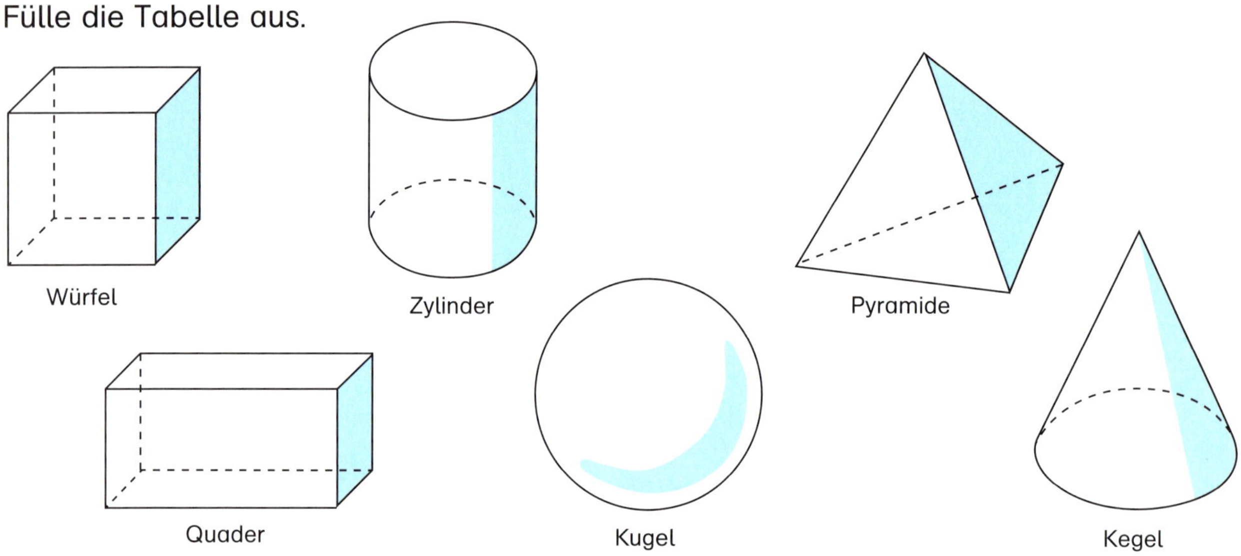

Anzahl	**Würfel**	**Quader**	**Zylinder**	**Kugel**	**Pyramide**	**Kegel**
Ecken			0			
Kanten			2			
Flächen	6					

2 Trage möglichst viele Gegenstände aus deiner Umwelt ein, die folgenden geometrischen Körpern entsprechen:

Würfel	**Quader**	**Zylinder**	**Kugel**	**Pyramide**	**Kegel**
	Schwamm	Stift	Ball		

Wenn du einen würfelförmigen Kasten aufschneidest und die Flächen flach auslegst, erhältst du ein Würfelnetz.

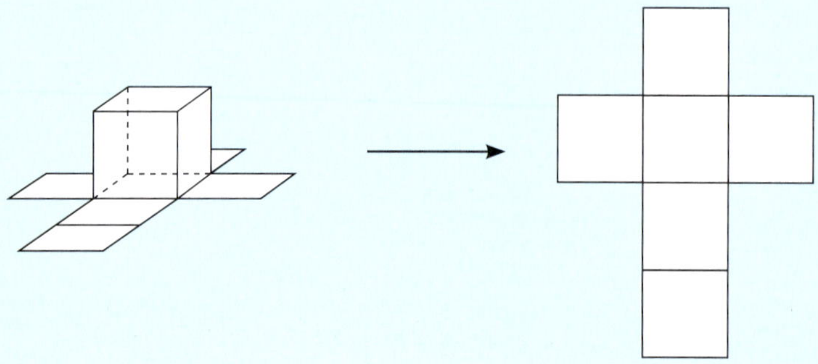

3 Welches ist ein Würfelnetz? Kreuze an.

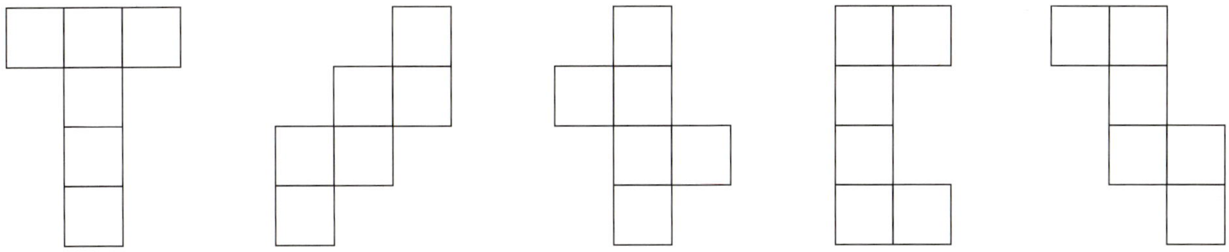

A ☐ B ☐ C ☐ D ☐ E ☐

4 Übertrage diese Netze auf Karopapier (am besten etwas vergrößert), und füge Klebefalze an deine Zeichnungen. Wohin gehören sie? Schneide die Netze aus, und falte sie zu einem Würfel.

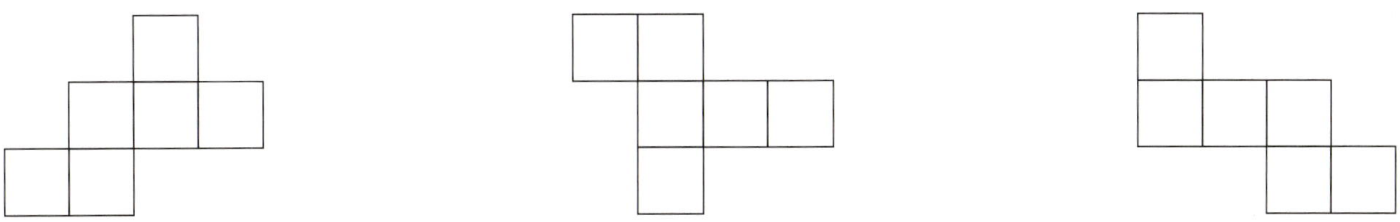

Bist du fit fürs Gymnasium?

5 Hier wurden Körper in zwei gleiche Hälften geschnitten. Zu welchen Körpern können die Schnittflächen gehören? Notiere die Möglichkeiten in deinem Heft.

etwa 3 min

A B C D

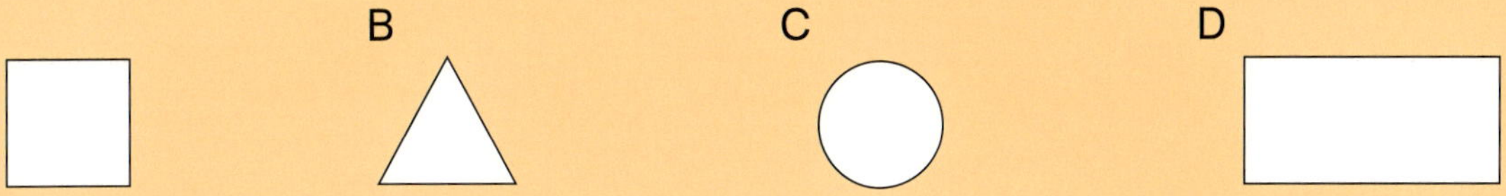

6 Ergänze die fehlenden Würfelaugen. Denke daran, dass die gegenüberliegenden Augenzahlen zusammen immer 7 ergeben.

etwa 6 min

a) b) c) d)

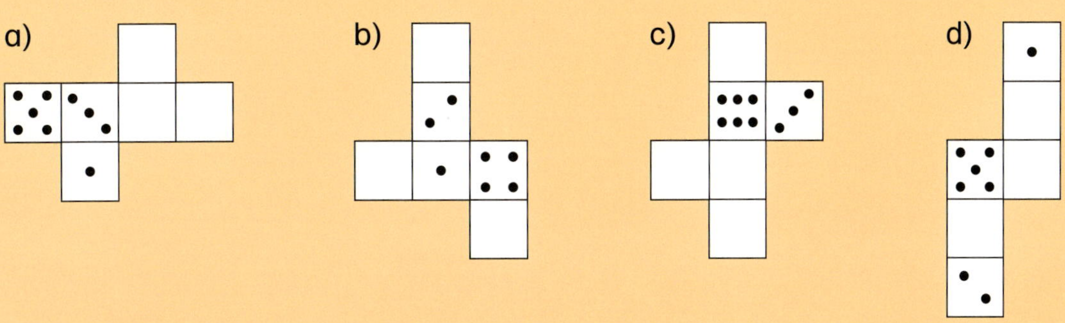

7 Es gibt 11 verschiedene Würfelnetze. Findest du 7 davon? Zeichne sie auf.

etwa 10 min

Quadernetze

Wenn du einen quaderförmigen Kasten aufschneidest und die Flächen flach auslegst, erhältst du ein Quadernetz.

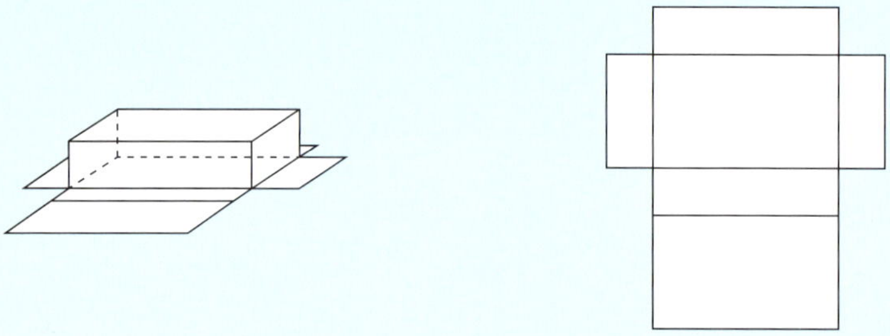

Dies gilt auch für andere Körper. Bei einer Pyramide erhältst du ein Pyramidennetz, bei einem Zylinder ein Zylindernetz usw.

1 Welche Netze gehören zu den Quadern? Verbinde.

A B C D

1 2 3 4

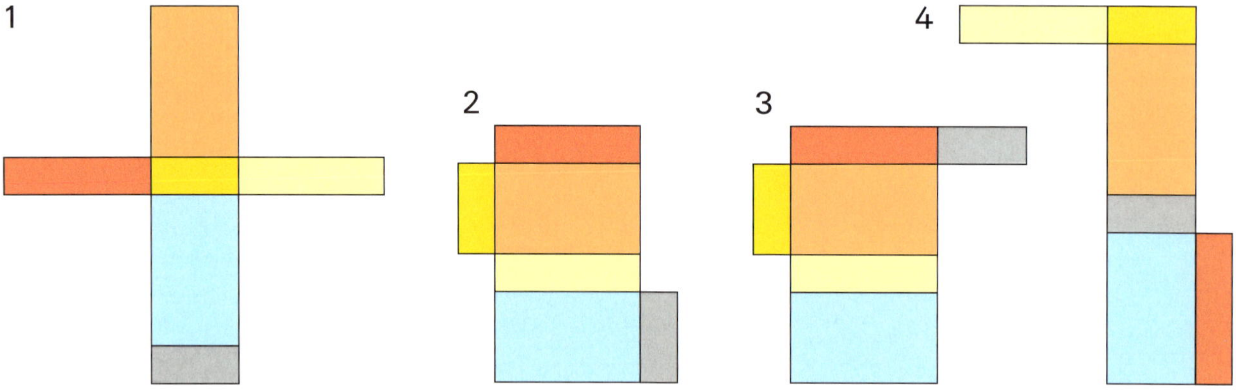

2 Zeichne die Schnittfläche, die entsteht, wenn ein Quader aus Knete an der gestrichelten Linie durchgeschnitten wird.

A B C

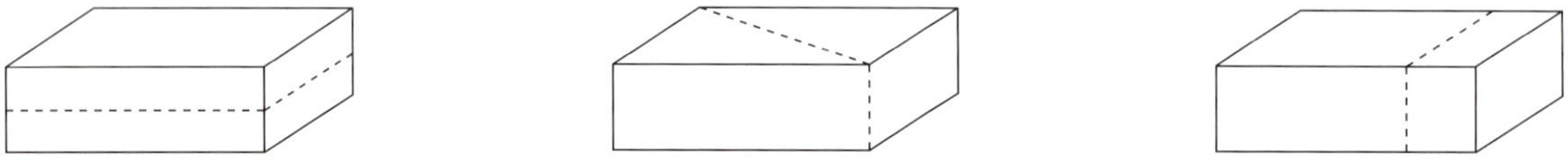

3 Welches Netz gehört zu welchem Körper? Verbinde, und schreibe die richtigen Bezeichnungen unter die Körper.

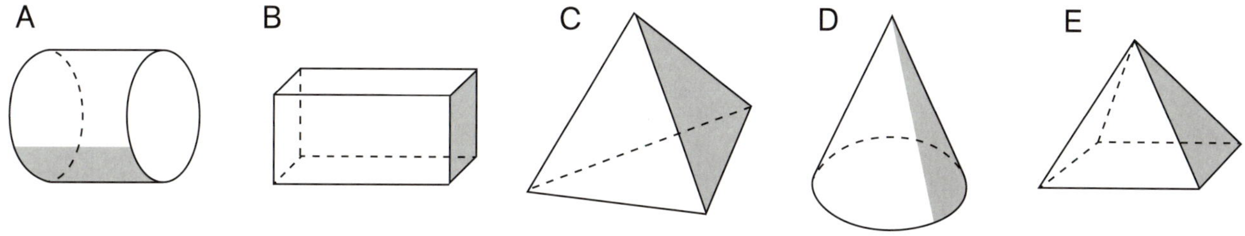

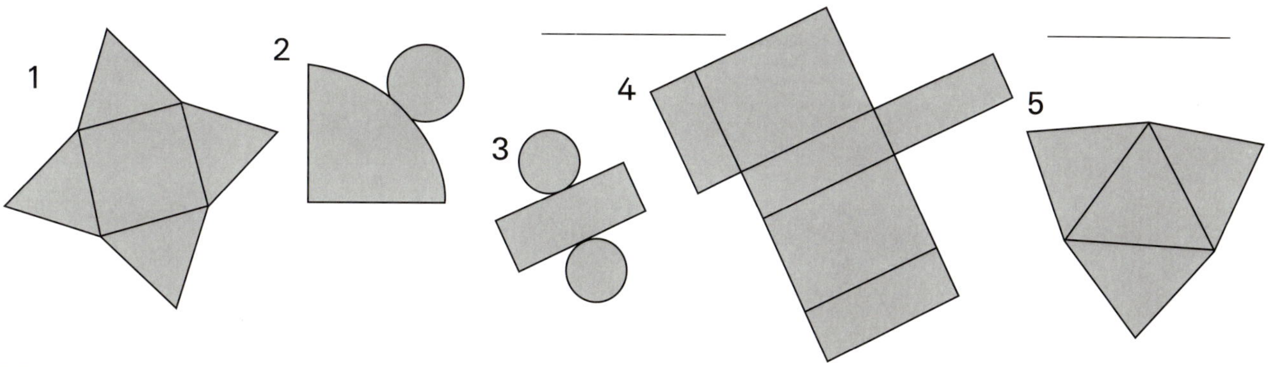

Bist du fit fürs Gymnasium?

4 Je zwei Teile gehören zu einem Quadernetz. Welche sind es? Verbinde.

etwa 4 min

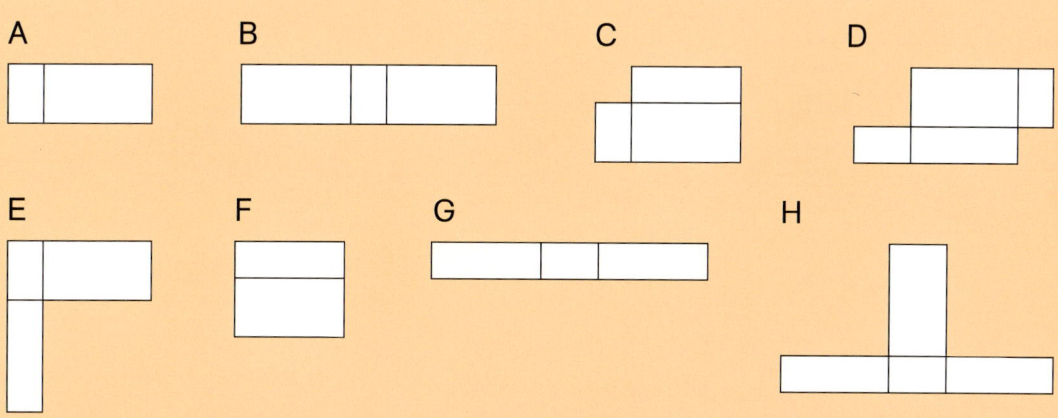

5 Färbe bei den Quadernetzen die Ecken, die beim Zusammenfalten aufeinanderstoßen würden, mit der gleichen Farbe.

etwa 10 min

Wenn du z. B. ein Rechteck so vergrößerst, dass du jede Seite doppelt so lang zeichnest, hast du im Maßstab 2 zu 1 (geschrieben 2:1) vergrößert.

Umgekehrt kannst du die Figur im Maßstab 1:2 verkleinern.

Der Maßstab gibt also an, wie viele Male etwas vergrößert oder verkleinert wurde.

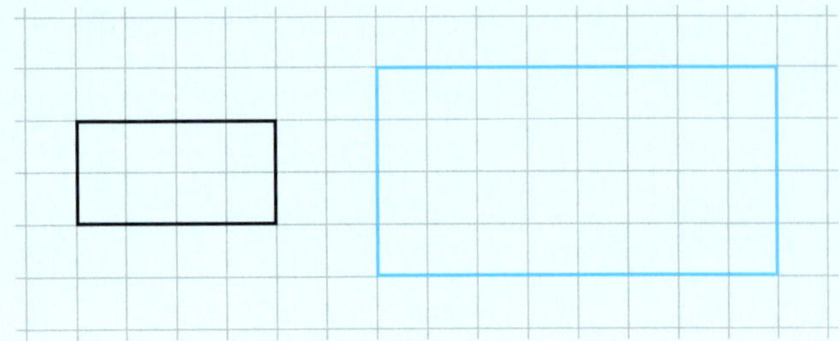

1 Vergrößere die Figuren im Maßstab 2:1.

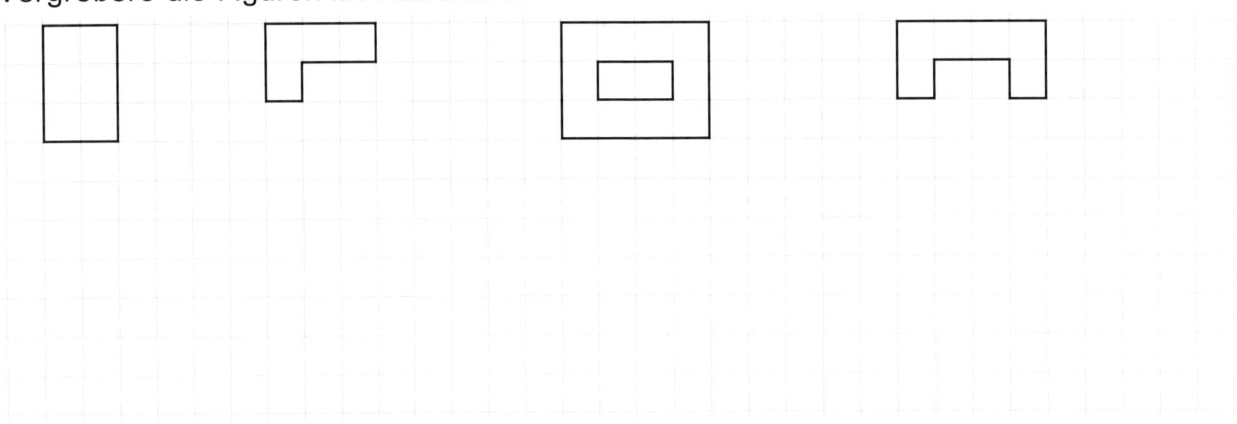

2 Vergrößere die Buchstaben im Maßstab 3:1. Das bedeutet, dass sie dreimal so groß sein müssen.

3 Verkleinere die Buchstaben im Maßstab 1:2.

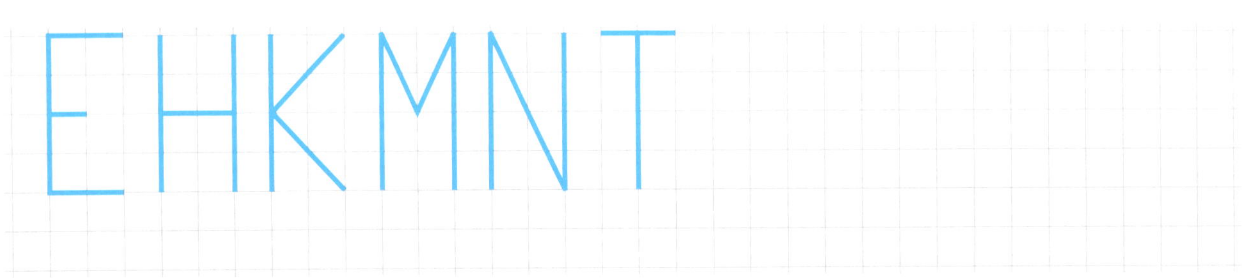

4 Die Tiere sind im Maßstab 1:100 verkleinert. 1 cm im Bild sind 100 cm in Wirklichkeit. Miss die Strecken von Hinterteil bis Stirn sowie zwischen Schulter und Fuß aus, und berechne, wie groß die Tiere in Wirklichkeit sind.

Länge des Ohres beim Elefanten:
gemessen: **2 cm**
in Wirklichkeit:
2 cm · 100 = 200 cm
200 cm = **2 m**

Tipp: Schätze vorher, wie groß die Tiere in Wirklichkeit sind, dann verrechnest du dich sicher nicht!

Elefant
Strecke von Hinterteil bis Stirn gemessen: 6 cm in Wirklichkeit: 6 m

Strecke von Schulter bis Fuß gemessen: ________ in Wirklichkeit: ________

Kuh
Strecke von Hinterteil bis Stirn gemessen: ________ in Wirklichkeit: ________

Strecke von Schulter bis Huf gemessen: ________ in Wirklichkeit: ________

Bist du fit fürs Gymnasium?

5 Wie lang sind die Tiere in Wirklichkeit? Miss, und rechne in deinem Heft aus.
Zur Erinnerung: 10 mm = 1 cm; 100 cm = 1 m

etwa 8 min

Maßstab 5:1

Maßstab 2:1

Maßstab 3:1

6 Berechne die Länge in Wirklichkeit.
Achtung! Mal wurde verkleinert, mal vergrößert.

etwa 3 min

Bild	3 cm	15 cm	20 mm	8 mm	5 mm	9 cm	12 cm
Maßstab	1:10	3:1	4:1	1:5	5:1	1:40	1:20
Wirklichkeit							

Ein Quadrat ist ein Viereck, dessen Seiten alle gleich lang sind. Die Ecken eines Quadrates sind rechte Winkel. (Auf Seite 114/115 „Senkrechte und rechter Winkel“ kannst du nachlesen, was das genau ist.)

1 Je zwei Figuren lassen sich zu einem Quadrat zusammensetzen. Verbinde die passenden Figuren mit einem Stift. Es kann sein, dass die Figuren gedreht sind.

Beispiel:

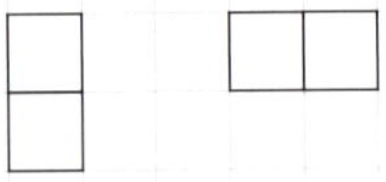

Wenn du die rechte Figur drehst, siehst du:

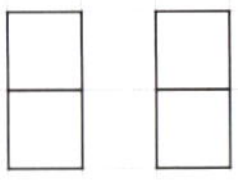

Beide Figuren ergeben zusammen ein Quadrat.

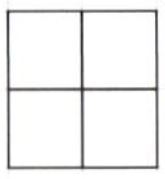

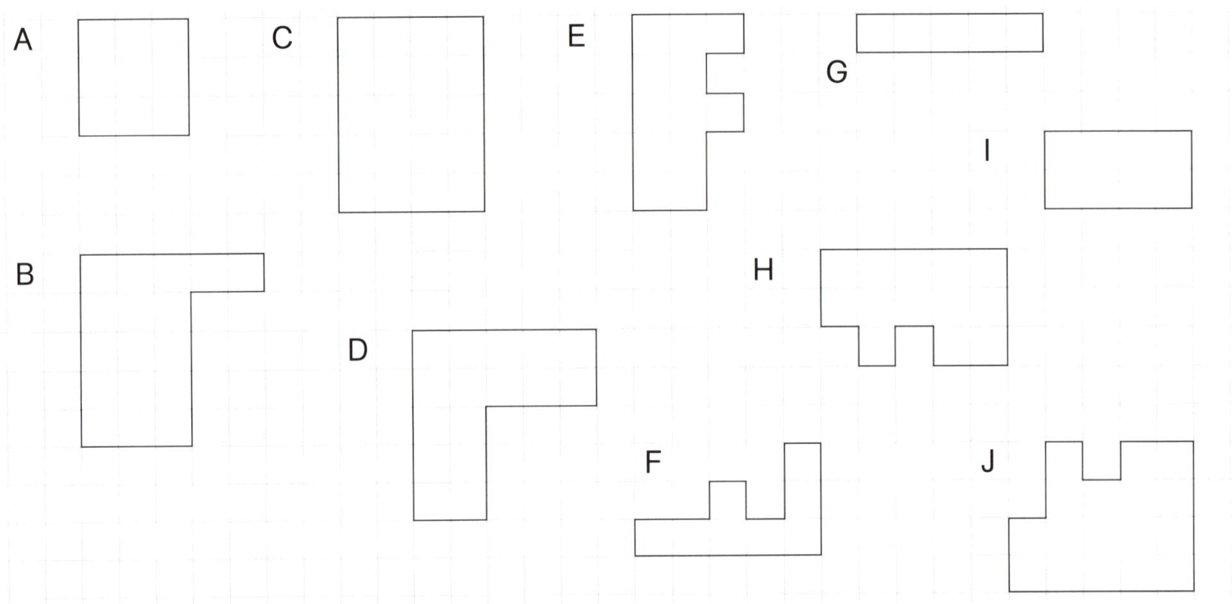

2 Hier wurden einige Quadrate aus Papier von Ecke zu Ecke durchgeschnitten. Manche Papierquadrate sind ganz geblieben. Wie viele Quadrate brauchst du, um diese Figuren zu legen? Trage die Anzahl in das jeweilige Kästchen ein.

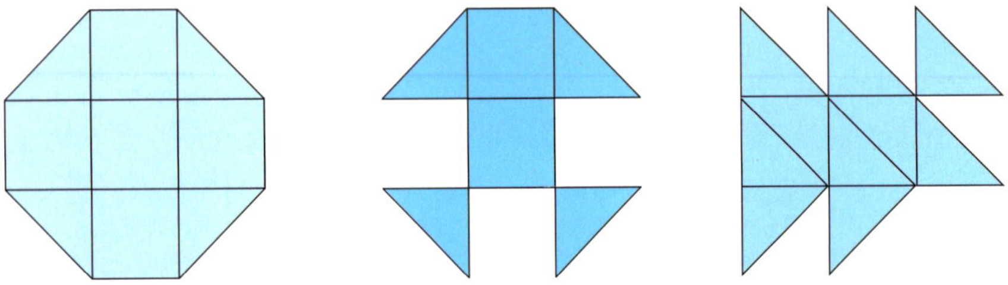

A ☐ B ☐ C ☐

3 a) Viele Quadrate können wieder zu einem Quadrat zusammengesetzt werden. Zeichne ein Quadrat, das aus vier kleinen Quadraten besteht.

b) Du hast ein großes Quadrat aus 25 kleinen Papierquadraten gelegt. Aus wie vielen Quadraten besteht das nächstgrößere? Bedenke, dass alle Seiten gleich lang sein müssen. Wenn du möchtest, kannst du eine Zeichnung anlegen.

Antwort: Das nächstgrößere Quadrat besteht

aus _____ Quadraten.

Bist du fit fürs Gymnasium?

4 Hier wurden wieder einige Papierquadrate von Ecke zu Ecke durchgeschnitten, manche Quadrate sind ganz geblieben. Die Umgrenzungen sind jedoch nicht eingezeichnet. Wie viele Quadrate brauchst du, um diese Figuren zu legen? Trage die Anzahl in das Kästchen ein.

etwa 3 min

Größe eines Quadrats:

A ☐ B ☐ C ☐ D ☐

5 Aus einem Quadrat und einigen Dreiecken soll wieder ein Quadrat gelegt werden. Zeichne drei verschiedene Lösungen in dein Heft.

etwa 5 min

6 Du möchtest ein Quadrat aus 100 kleinen Quadraten legen. Ist das möglich? Kannst du deine Antwort begründen?

etwa 2 min

Flächenvergleiche

Um zwei Flächen vergleichen zu können, musst du sie ausmessen.
Wenn die Flächen auf Karopapier gezeichnet sind, ist dies ganz einfach:
Du kannst die Kästchen zählen, aus denen die Flächen bestehen.

1 a) Welche Figur hat die größte Fläche? Schätze zuerst, und zähle dann die Kästchen.

geschätzt: _____ gezählt: _____

b) Welche Figur hat die kleinste Fläche? Schätze wieder zuerst.

geschätzt: _____ gezählt: _____

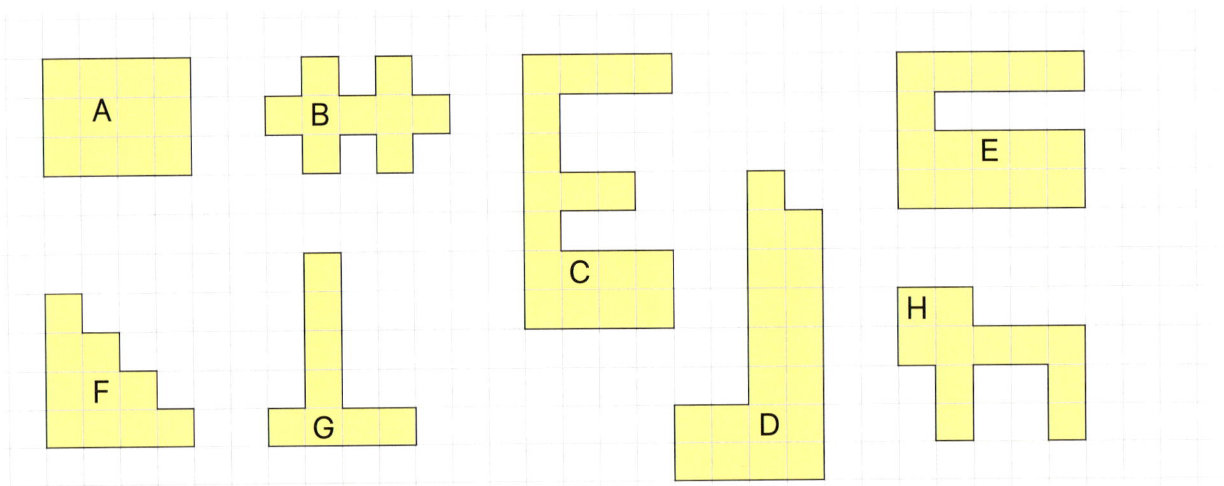

2 Aus wie vielen Kästchen besteht jede Figur? Schätze zuerst, und beachte die halben Kästchen.

	geschätzt	gezählt		geschätzt	gezählt
A:	_____	_____	D:	_____	_____
B:	_____	_____	E:	_____	_____
C:	_____	_____	F:	_____	_____

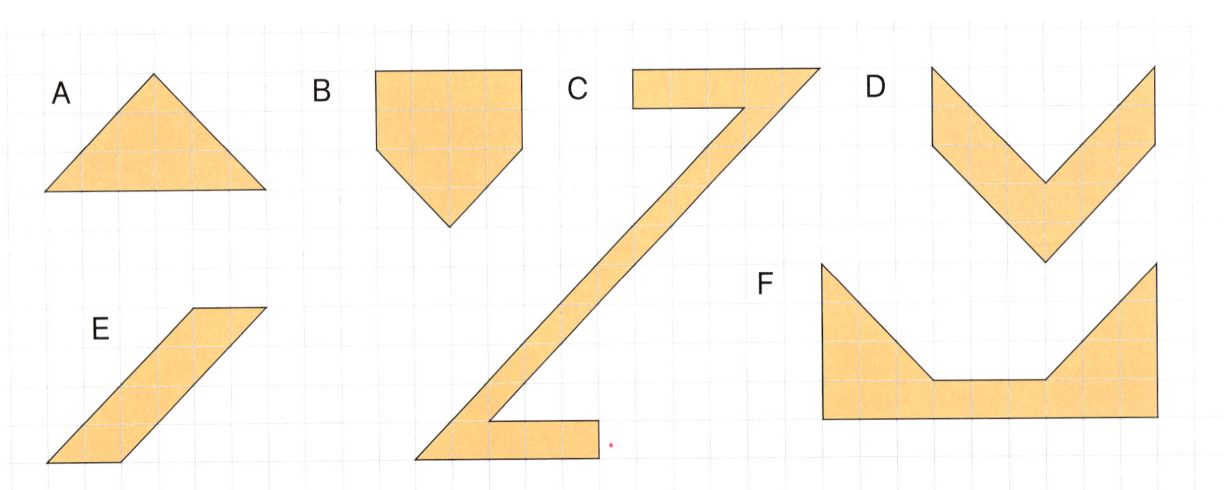

Der Umfang einer Fläche ist die Gesamtlänge der Begrenzungslinie.

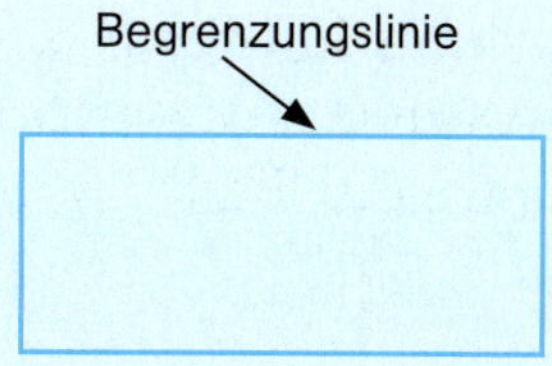

Das heißt:
Wenn du alle 4 Seiten des Rechtecks ausmisst und addierst, erhältst du den Umfang einer Fläche.

3

a) Welche Figur hat den größten Umfang? Schätze zuerst. Nimm anschließend ein Lineal, und miss den Umfang der Figuren. 2 Kästchen betragen 1 cm.

Den größten Umfang hat folgende Figur: geschätzt ______ gemessen ______

b) Welche Figur hat die größte Fläche? Schätze zuerst.

Die größte Fläche hat folgende Figur: geschätzt ______ gezählt ______

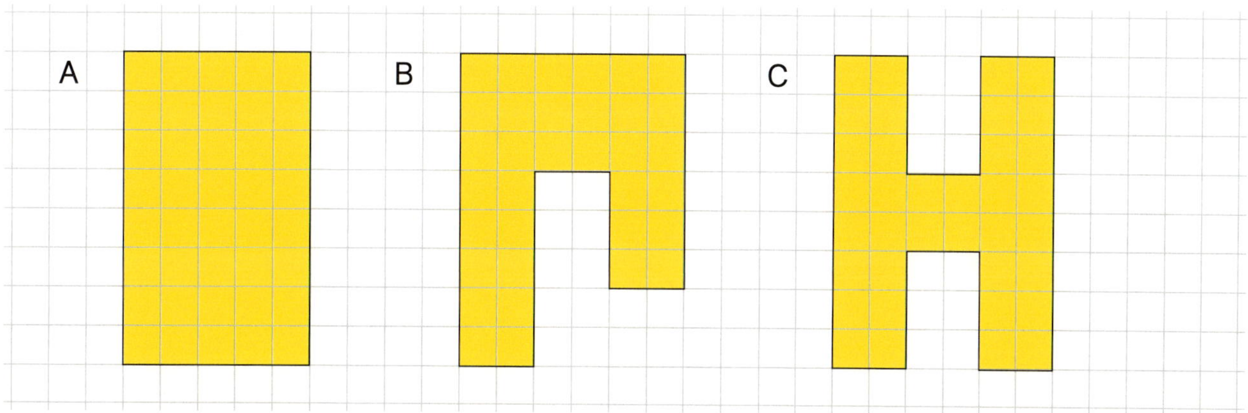

Bist du fit fürs Gymnasium?

4 Welches ist die größte und welches die kleinste Fläche? Notiere in deinem Heft.

etwa 5 min

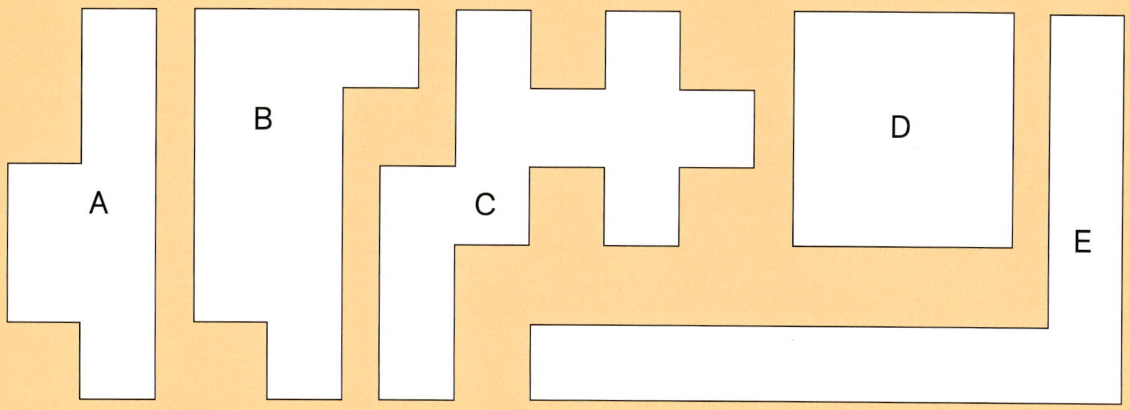

5 Hängen Größe einer Fläche und Umfang einer Fläche zusammen?
Formuliere einen Satz.

etwa 3 min

Ein Quadrat, bei dem jede Seite einen Meter beträgt, ist ein Quadratmeter. Das schreibt man kurz so: 1 m^2

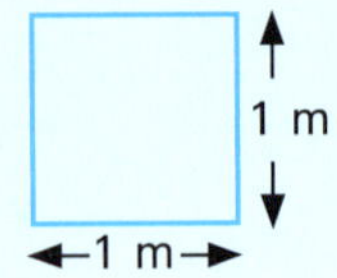

1 Hier siehst du Skizzen von Gärten. Jedes Kästchen ist in Wirklichkeit einen Quadratmeter groß. Wie groß sind die Gärten? Rechne – anstatt die Kästchen zu zählen – wie im Beispiel. Nutze den Platz in den Skizzen für deine Rechnungen.

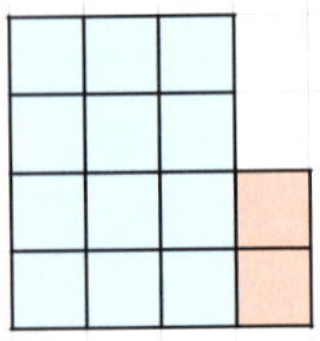

$3\ m \cdot 4\ m = 12\ m^2$

$1\ m \cdot 2\ m = 2\ m^2$

$12\ m^2 + 2\ m^2 = 14\ m^2$

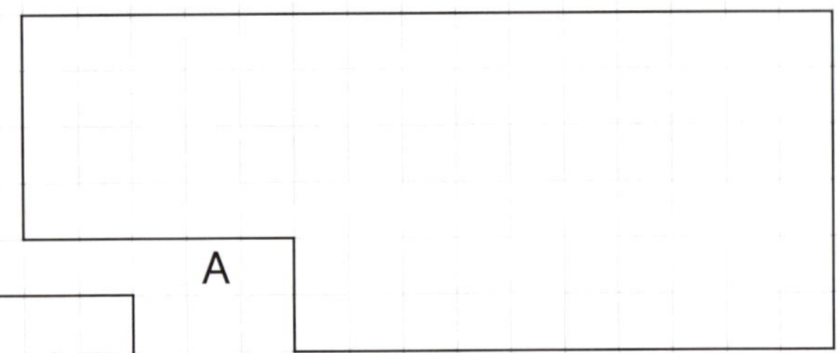

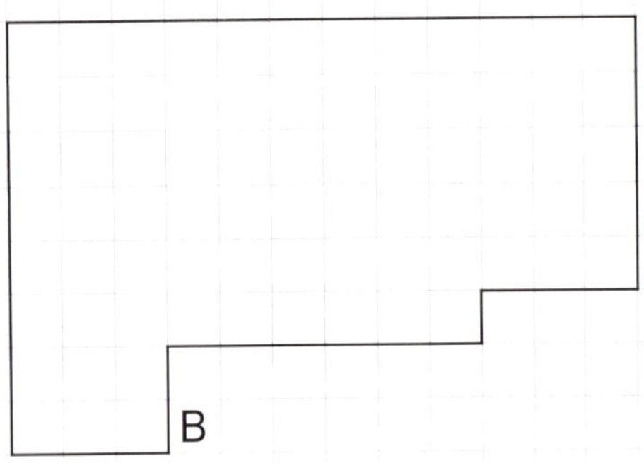

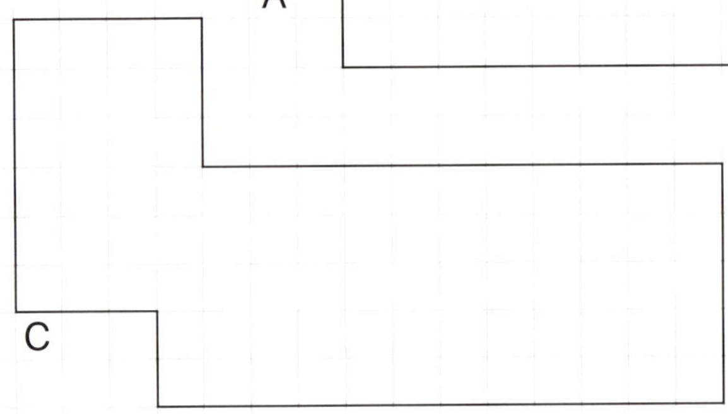

Garten A ist ____ m^2 groß. Garten B ist ____ m^2 groß. Garten C ____ m^2 groß.

2

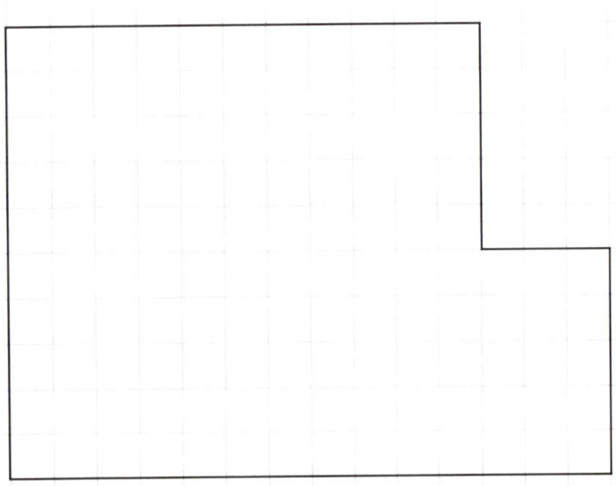

a) Wie groß ist dieser Garten?

Rechnung: ____________________

____

____

Antwort: Der Garten ist ____ m^2 groß.

b) Es soll ein 3 m langes und 2 m breites Gartenhaus gebaut werden. Zeichne es ein.

c) Auch ein 30 m^2 großer Swimmingpool soll entstehen. Zeichne ihn ein.

d) Wie groß ist die restliche Fläche?

Rechnung: ____________________

Antwort: Die restliche Fläche beträgt ____ m^2.

3 Hier siehst du eine Wohnung im Maßstab 1:100. 1 cm in der Zeichnung entsprechen 100 cm, also 1 m in der Wirklichkeit.

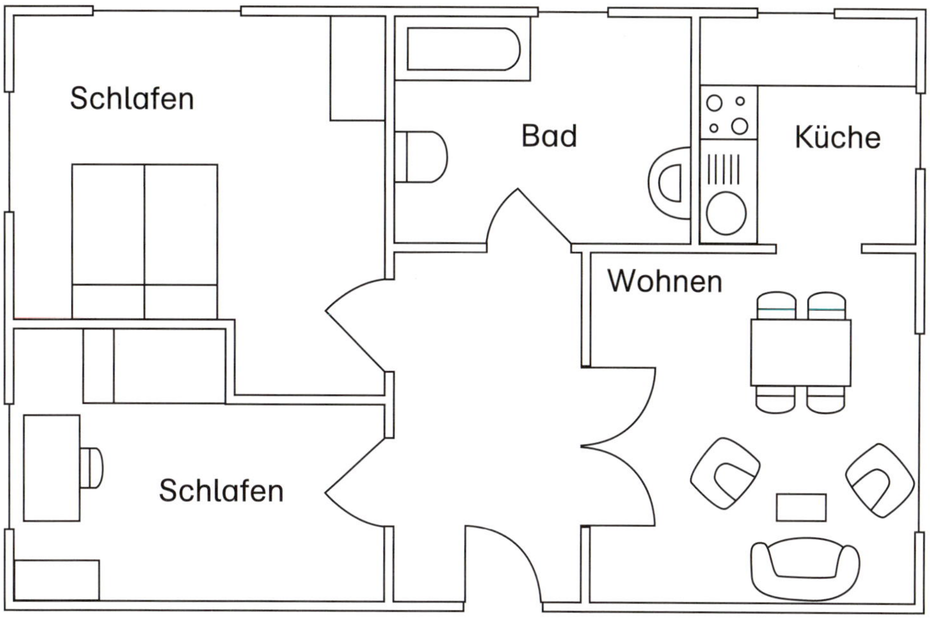

a) Wie groß ist das Bad?

Rechnung: ______________________________

Antwort: Das Bad ist ________ m^2 groß.

b) Wie groß ist das große Schlafzimmer?

Rechnung: ______________________________

____

Antwort: Das große Schlafzimmer ist ________ m^2 groß.

Bist du fit fürs Gymnasium?

4 Wie lang und wie breit ist der Esstisch in Aufgabe 3?

etwa 2 min

5 Hier siehst du die Skizze eines Gartens. Jedes Kästchen ist in Wirklichkeit 1 m^2 groß.

Zeichne den Garten nach den Vorgaben, und berechne die Größe der Flächen, wenn sie nicht angegeben ist.

Das Gartenhaus ist 4 m · 3 m groß.
Der Pool soll insgesamt 30 m^2 groß sein.
Auf der restlichen Fläche sollen zu zwei Drittel Rasen, zu einem Drittel Blumenbeete entstehen. Zeichne ein.

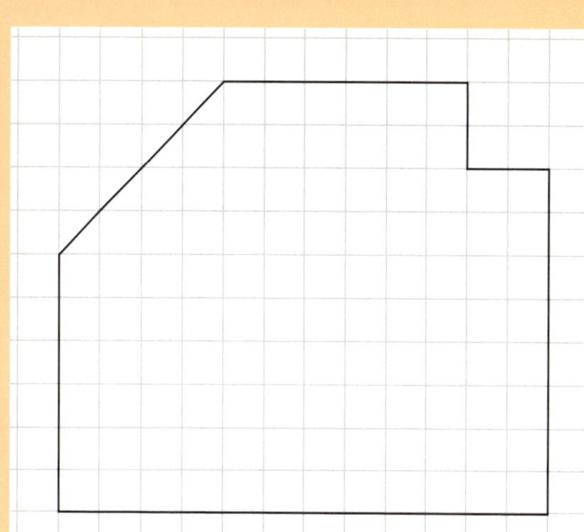

etwa 12 min

Senkrechte und rechter Winkel

Zwei Linien, die im rechten Winkel aufeinandertreffen, sind **senkrecht** zueinander. Umgekehrt ausgedrückt:
Zwei senkrecht aufeinanderstehende Linien bilden **rechte Winkel**. Das folgende Beispiel zeigt dir, was das bedeutet:

So kannst du aus Papier einen rechten Winkel bilden:

1. Nimm ein beliebiges Stück Papier, und falte es einmal.
2. Falte es ein zweites Mal, sodass die hier farbig markierten Kanten aufeinanderliegen. Hier entsteht ein rechter Winkel.
3. Falte das Papier auseinander. Die zweite Faltkante steht **senkrecht** auf der ersten. Es entstehen **4 rechte Winkel**.

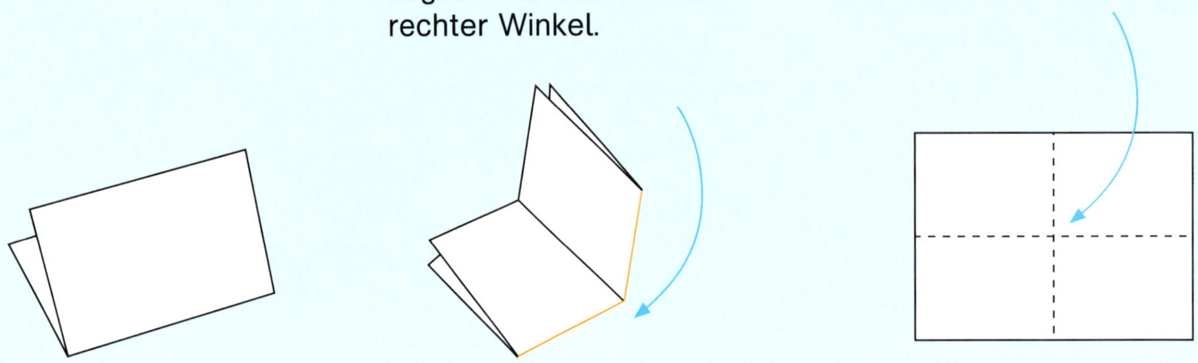

1 Wo findest du rechte Winkel in deiner Umwelt? Benutze den Faltwinkel, den du im Regelkasten bei Schritt 2 erhalten hast, zum Überprüfen. Trage Beispiele ein.

dort, wo Wand und Boden zusammentreffen, Tischecke, ______________________

____

____

2 Miss mit deinem Faltwinkel die Winkel folgender Figuren. Kreuze an, wenn die Linien einen rechten Winkel bilden.

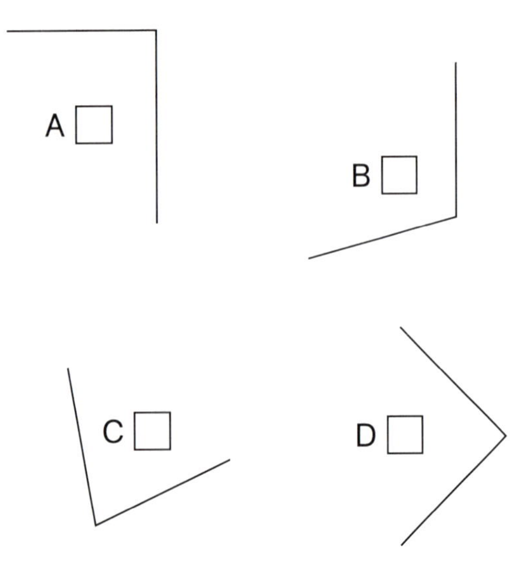

3 Wie viele rechte Winkel zählst du bei jeder Figur? Trage die Anzahl in die Kästchen ein.

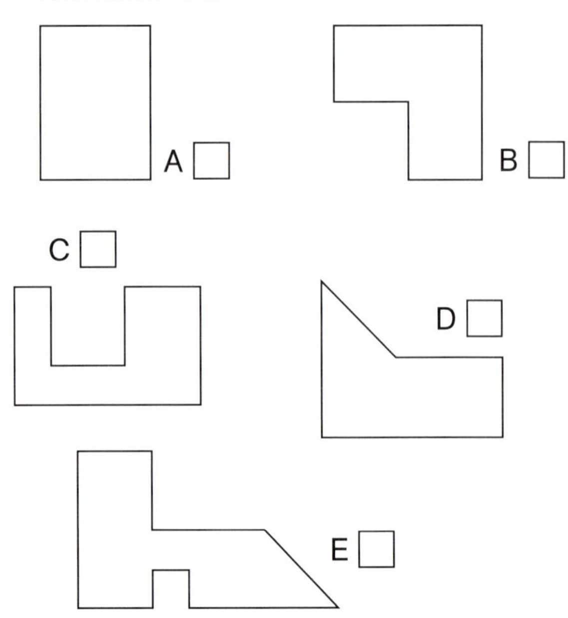

Das Geodreieck ist ein halbes Quadrat. Du kannst damit gerade Linien und rechte Winkel zeichnen. Einen rechten Winkel zeichnest du so:

1. Zeichne eine Linie.

2. Die Markierung auf dem Geodreieck, die dieses in zwei Hälften teilt, muss beim Zeichnen der zweiten Linie genau auf deiner ersten Linie liegen.

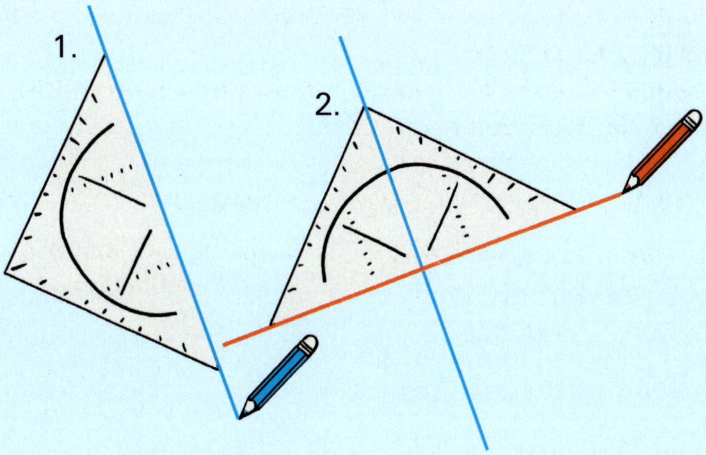

4 Zeichne folgende Figuren mit Geodreieck und spitzem Bleistift nach.

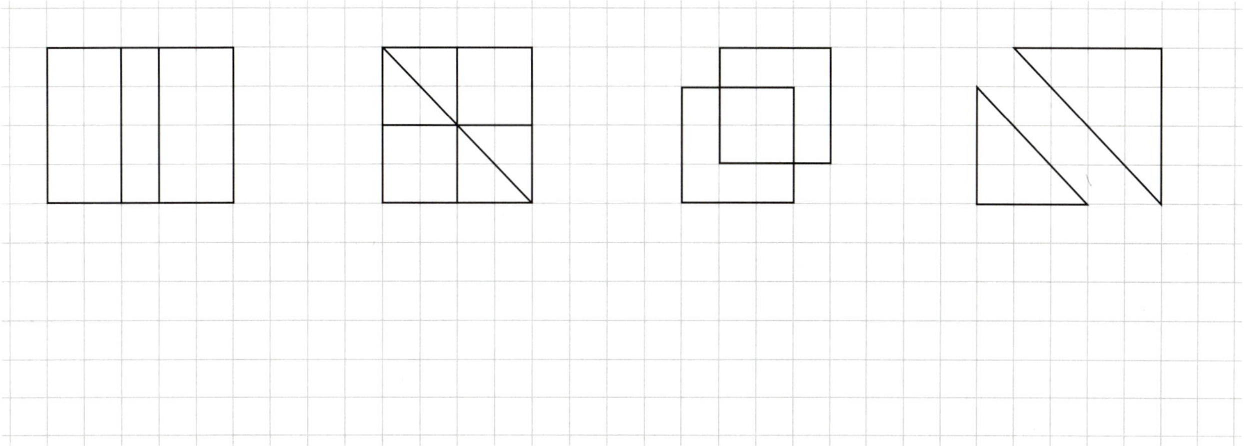

Bist du fit fürs Gymnasium?

5 Übertrage folgende Figuren mit Geodreieck und spitzem Bleistift in dein Heft.

etwa 8 min

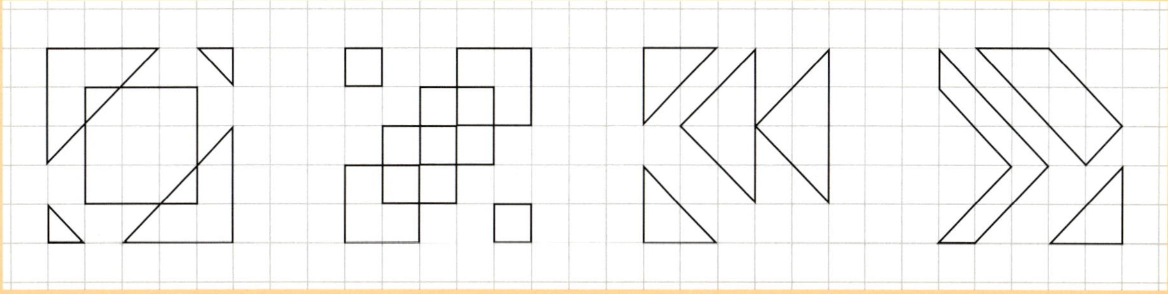

6 Zeichne zwei Dreiecke, und ordne sie so an, dass 10 rechte Winkel entstehen.

etwa 4 min

Tipp: Wenn sich zwei Linien kreuzen, entstehen 4 rechte Winkel.

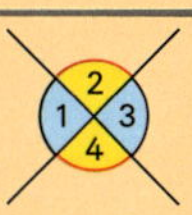

Zwei gerade Linien sind **parallel** zueinander, wenn sie an allen Stellen den gleichen Abstand zueinander haben. Dieser Abstand wird immer senkrecht zu einer Linie gemessen.

Zwei parallele Linien heißen **Parallelen**.

Eine gerade Linie nennt man auch **Gerade**.

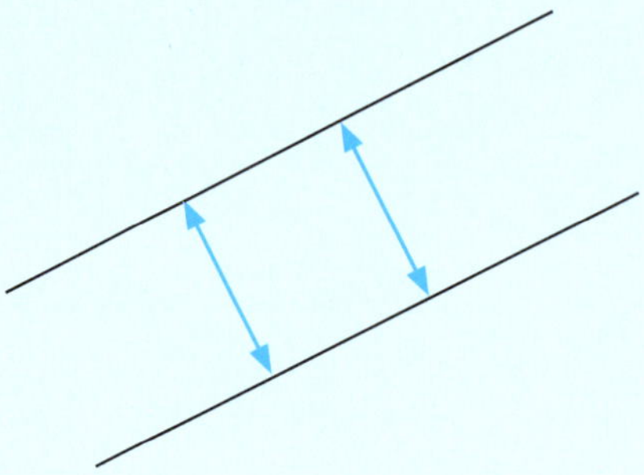

So kannst du aus Papier Senkrechten bilden:

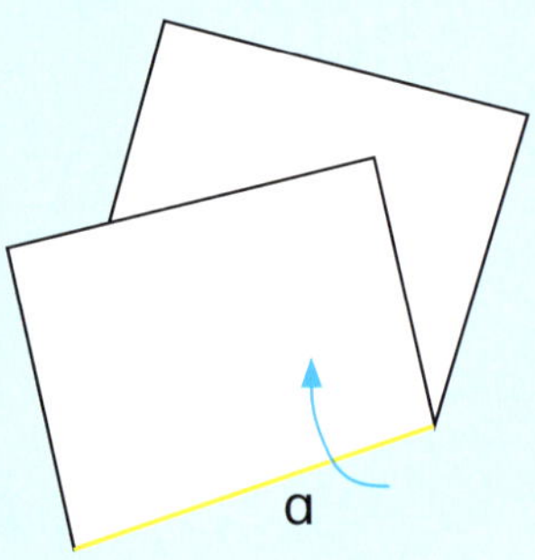

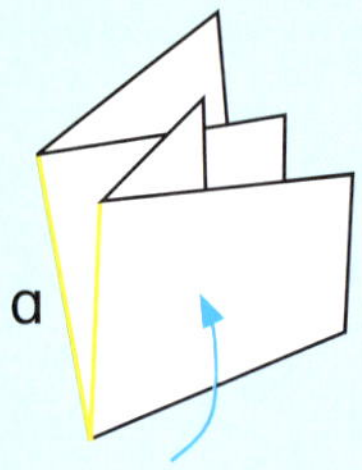

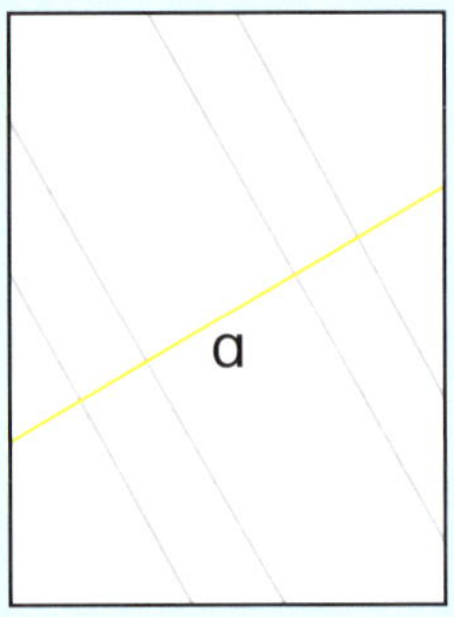

1. Nimm ein beliebiges Stück Papier, und falte es einmal. Es entsteht eine Faltkante *a*.
2. Falte das Papier noch einmal, sodass alle Teile von *a* genau aufeinanderliegen.
3. Falte das Blatt noch mehrmals so, dass die Teile von *a* aufeinanderliegen. Falte das Blatt auseinander.

Alle entstandenen Faltlinien, die senkrecht auf a stehen, sind **parallel** zueinander.

1 Zeichne eine Gerade *a* mit deinem Geodreieck.
Zeichne eine Senkrechte zu deiner Geraden.
Zeichne viele Senkrechten.
Sie sind alle parallel zueinander.

Mit dem Geodreieck kannst du auch Strecken messen.
Eine **Strecke** ist eine Gerade mit einem Anfangs- und einem Endpunkt.

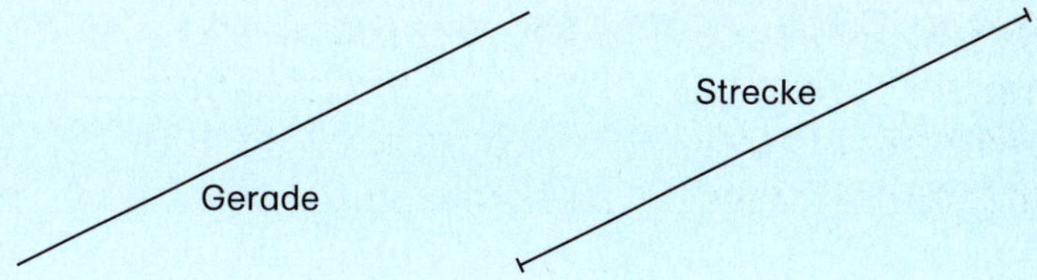

2 Miss die Längen dieser Strecken mit dem Geodreieck. Trage die Ergebnisse ein.

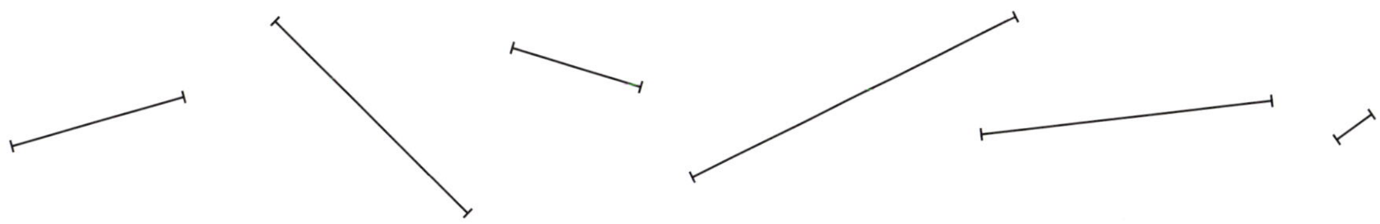

a) 2 cm b)________ c)________ d)________ e)________ f)________

3 Zeichne eine Strecke *a* von 5 cm.
Zeichne anschließend eine Strecke *b* von 4 cm, die senkrecht zu deiner Strecke *a* steht.

Zeichne zwei Geraden, die senkrecht zu *b* sind. (Sie sind parallel zu *a*.)

Bist du fit fürs Gymnasium?

4 Zeichne die verdeckten Teile der Vierecke entsprechend der Vorgaben mit einer gestrichelten Linie ein.

etwa 10 min

Zu Erinnerung: Die Ecken eines Quadrats sind rechte Winkel. Alle Seiten sind gleich lang. Die Ecken eines Rechtecks sind auch rechte Winkel, es müssen aber nicht alle Seiten gleich lang sein.

a) Das blaue Viereck ist ein Quadrat. Eine Seite ist ein Drittel so lang wie die längere Seite des roten Rechtecks.

b) Die längere Seite des grauen Rechtecks ist doppelt so lang wie die Seiten des blauen Quadrats. Die kürzere Seite des grauen Rechtecks ist 5 mm kürzer als die kürzere Seite des roten Rechtecks.

c) Das gelbe Viereck ist ein Rechteck. Die längere Seite ist 12 mm länger als die kürzere.

Merke dir folgende Begriffe:

Mittelpunkt
Durchmesser
Kreislinie
Radius

Der Radius bezeichnet den Abstand vom Mittelpunkt eines Kreises zur Kreislinie.
Den Radius stellst du beim Zirkel mithilfe eines Geodreiecks oder Lineals ein.
Es ist der Abstand zwischen Zirkelspitze und Zirkelmine.

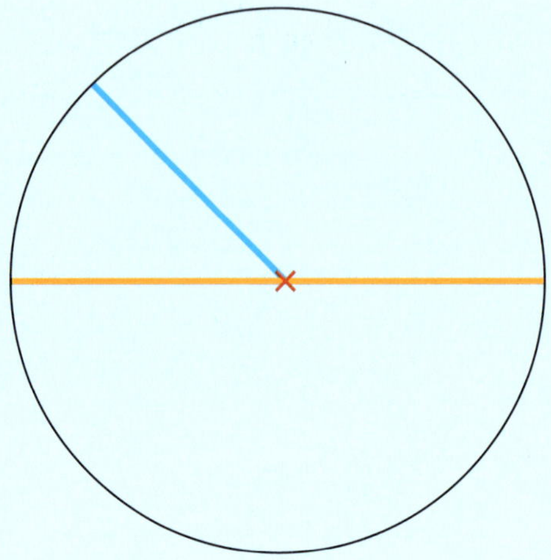

1 Wo findest du in deiner Umwelt Kreise?

Teller, Frisbeescheibe, ______________________________

____

____

2 Stelle deinen Zirkel auf den jeweils angegebenen Radius ein, und zeichne verschiedene Kreise immer um denselben Mittelpunkt (ist schon eingezeichnet).

a) Radius: 2 cm
b) Radius: 3 cm
c) Radius: 2,5 cm
d) Radius: 4 cm
e) Radius: 1 cm
f) Radius: 3,8 cm

×

Tipp: Spitze und Zirkelmine müssen gleich lang sein. Die Mine ist abgeflacht, und die lange Seite der Mine liegt an der Zirkelspitze an.

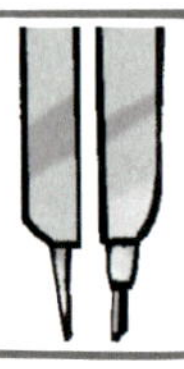

3 Setze folgende Figuren fort, und male sie farbig an.

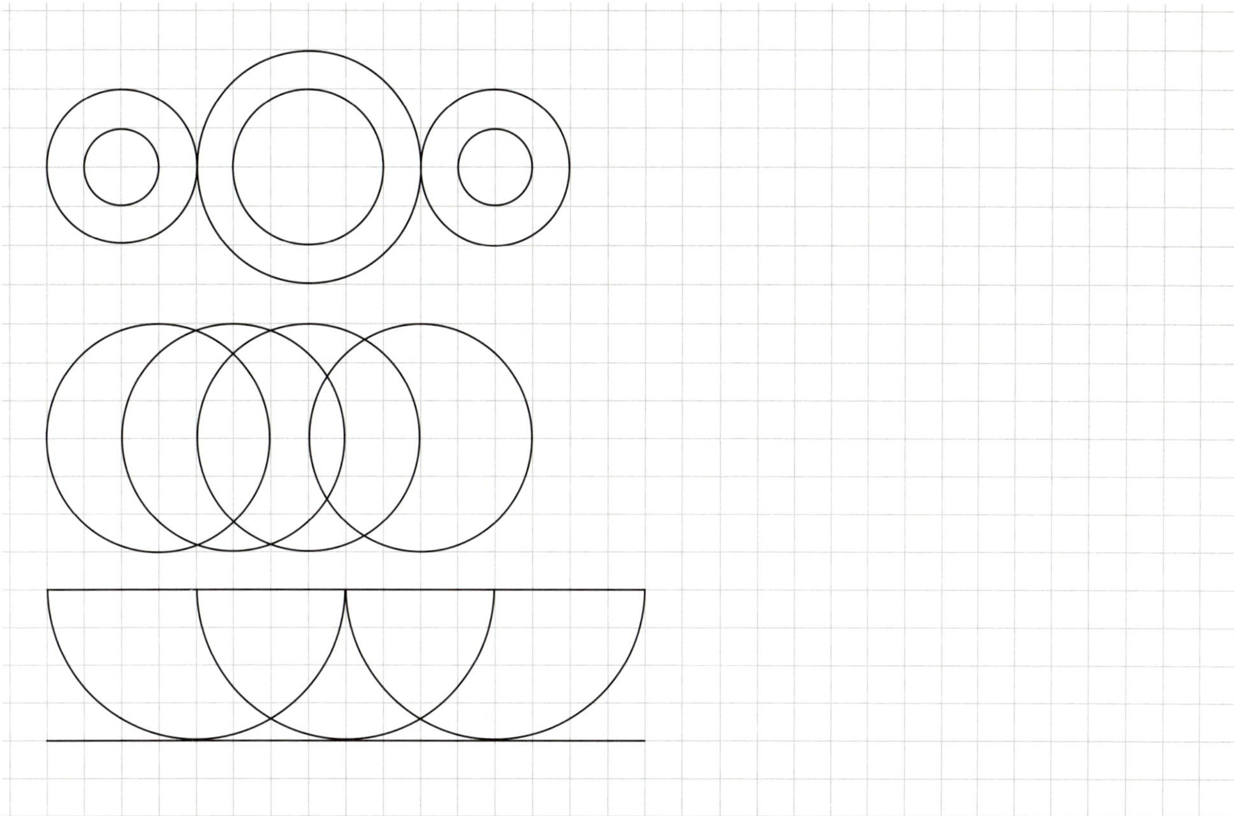

4 Zeichne die Figuren nach, und male sie farbig an.

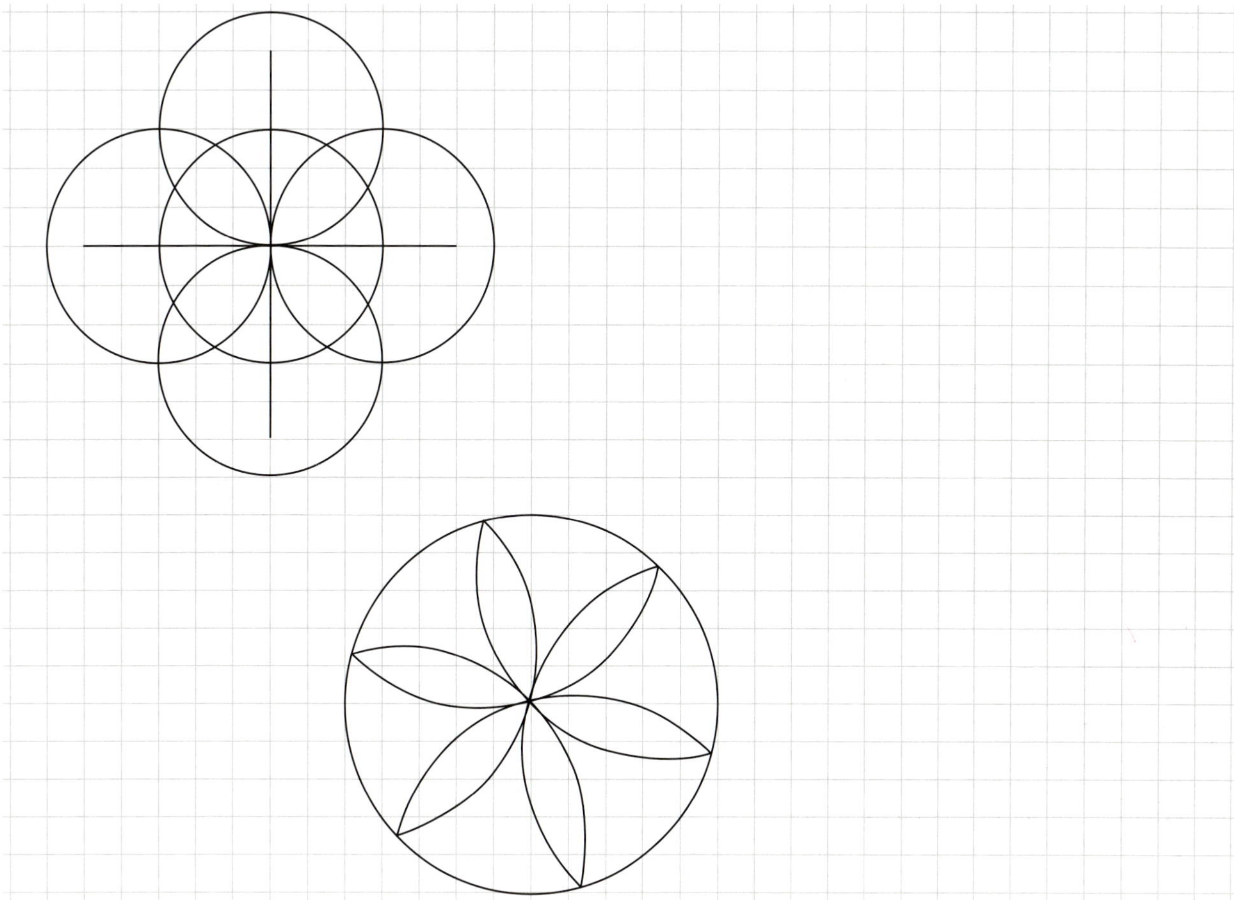

5 Zeichne nach den Angaben. Der Abstand zwischen den Strichen beträgt 5 mm.

Der Radius jedes Kreises ist …

… 5 mm größer
als der vorige.

… 5 mm kleiner
als der vorige.

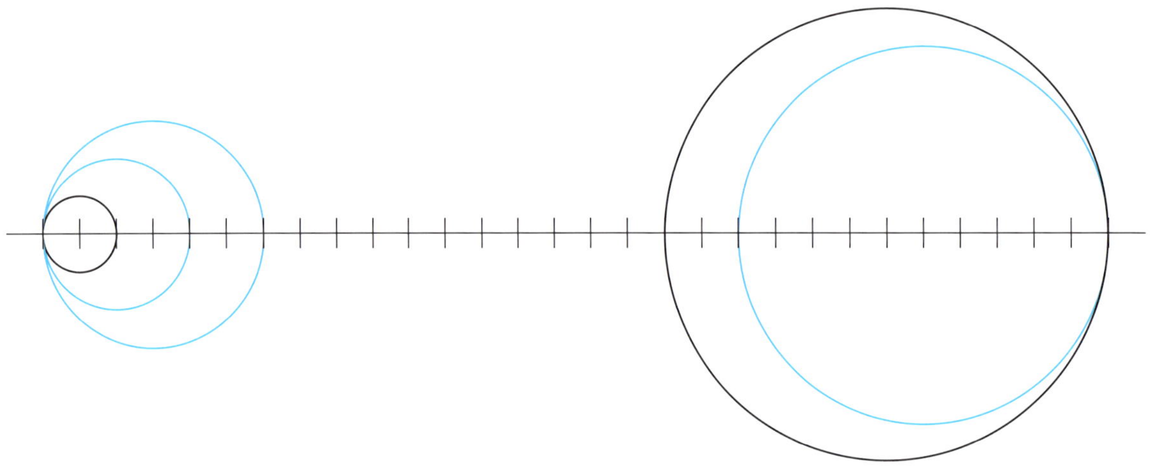

Den Mittelpunkt eines Quadrates kannst du so bestimmen: Miss die Länge einer Seite aus, wie hier z. B. 4 cm. Markiere die Mitte jeder Seite (von einer Ecke aus gesehen bei 2 cm) mit einem Punkt.

Verbinde die gegenüberliegenden Punkte. Ihr Schnittpunkt ist der Mittelpunkt. So kannst du einen Kreis genau in das Quadrat einzeichnen.

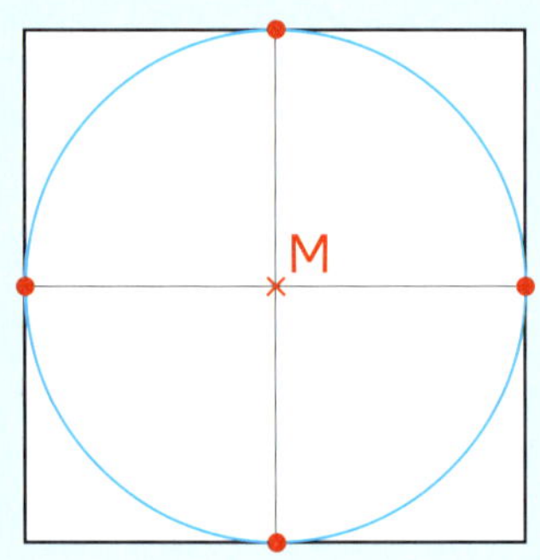

6 Übertrage die Muster in die großen Quadrate.

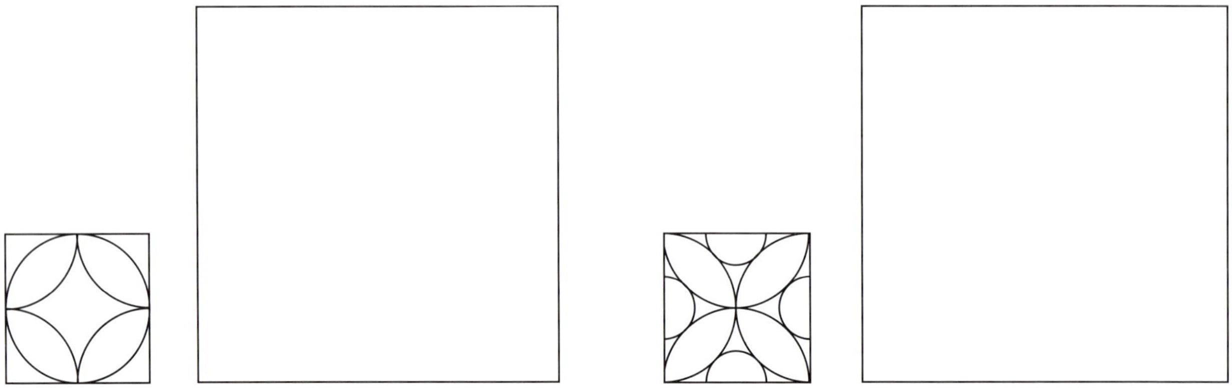

7 Mit dem Zirkel kannst du ein Sechseck zeichnen, das gleich lange Seiten hat: Zeichne einen Kreis mit dem Radius 3 cm. Behalte den eingestellten Radius bei. Stich den Zirkel nun an einer beliebigen Stelle auf der Kreislinie ein, und zeichne mit der Mine eine feine Linie, die die Kreislinie kreuzt. Stich nun an dieser Schnittstelle wieder mit dem Zirkel ein und wiederhole den Vorgang noch 5-mal. Verbinde die entstandenen Schnittstellen mit Linien, sodass ein Sechseck entsteht.

× M

Bist du fit fürs Gymnasium?

8 Zeichne folgende Muster in die Quadrate:

etwa 10 min

a) Stelle deinen Zirkel auf 2,5 cm ein. Stich mit dem Zirkel in einen Eckpunkt des Quadrates, und zeichne innerhalb des Quadrates einen Viertelkreis. Verfahre ebenso mit den anderen drei Ecken. Stich nun mit dem Zirkel mit derselben Einstellung auf der Hälfte einer Seite des Quadrates ein, und zeichne einen Halbkreis innerhalb des Quadrates, der von Ecke zu Ecke geht. Verfahre ebenso mit den anderen Seiten.

b) Zeichne einen Kreis, dessen Mittelpunkt auch der Mittelpunkt des Quadrates ist. Der Kreis stößt an genau vier Stellen an das Quadrat. Zeichne einen weiteren Kreis mit demselben Mittelpunkt mit dem Radius 2 cm. Zeichne Teilkreise mit einem Radius von 3 cm, deren Mittelpunkte jeweils auf der Hälfte der Seiten des Quadrates sind und die innerhalb des Quadrates liegen.

9 Zeichne in deinem Heft ein Dreieck, das drei gleich lange Seiten hat.

Tipp: Denke an Aufgabe 7.

etwa 5 min

Die **Symmetrieachse** einer Figur ist eine Gerade mit folgender Eigenschaft: Alles, was auf der einen Seite der Achse liegt, besteht auch auf der anderen Seite jeweils im gleichen Abstand zur Achse. Eine solche Figur ist **achsensymmetrisch**.

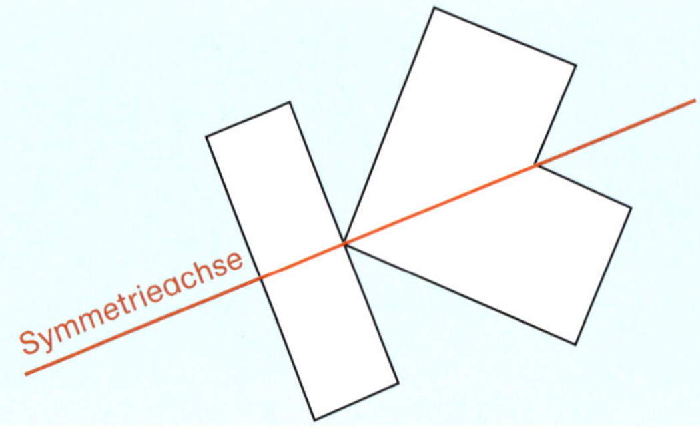

1 Welche Dinge in deiner Umwelt sind achsensymmetrisch? Kleine Ungenauigkeiten wie z.B. Kratzer dürfen sein.

Tisch, Schulranzen, ______________________________

____

2 Zeichne die Spiegelbilder. Prüfe mit einem Spiegel, den du auf die Symmetrieachse stellst, ob wirklich eine achsensymmetrische Figur entstanden ist.

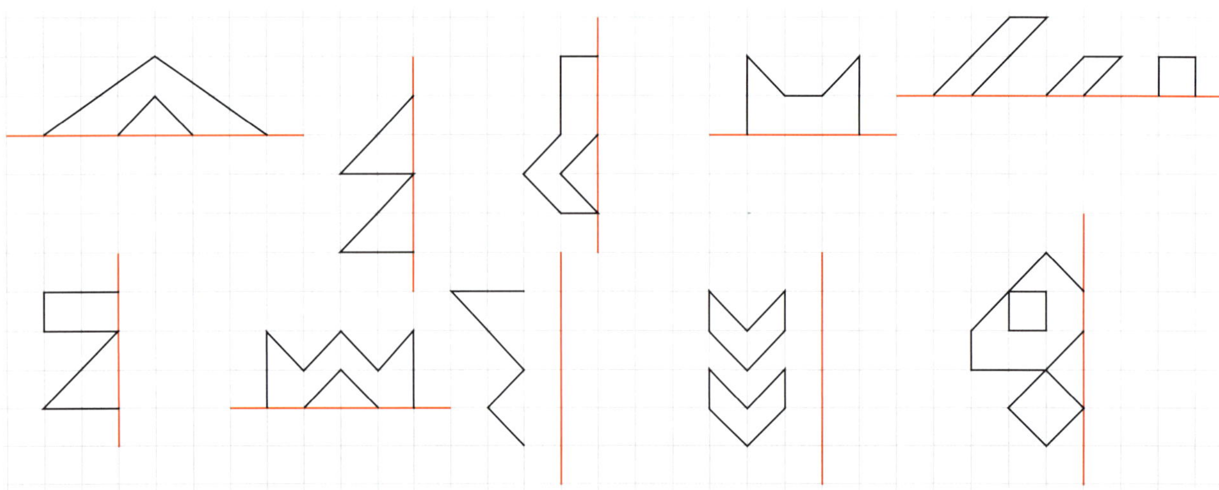

3 Zeichne bei den Figuren, die achsensymmetrisch sind, die Symmetrieachse ein. Überprüfe mit dem Spiegel.

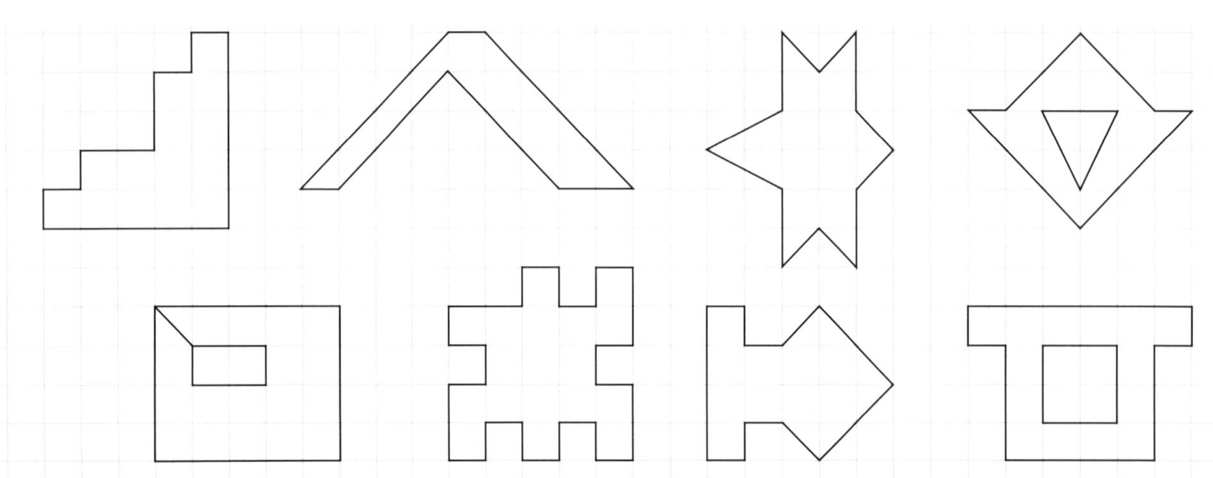

Figuren, die durch Drehen um einen Punkt entstanden sind, nennt man **drehsymmetrisch**. Dieser Punkt ist meistens eine Ecke oder die Mitte der Figur.

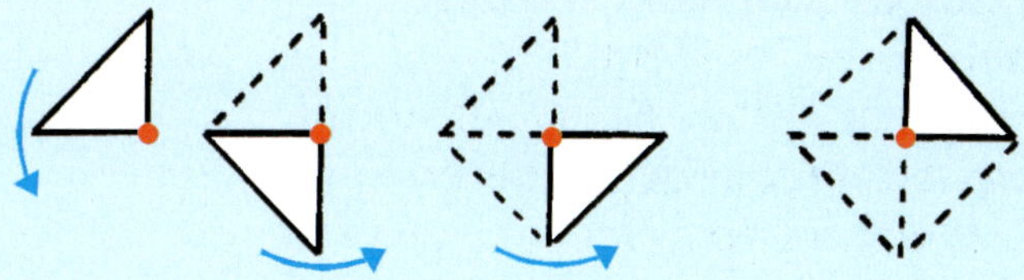

4 Zeichne je drei Drehungen der Figuren. Die Drehpunkte sind eingezeichnet.

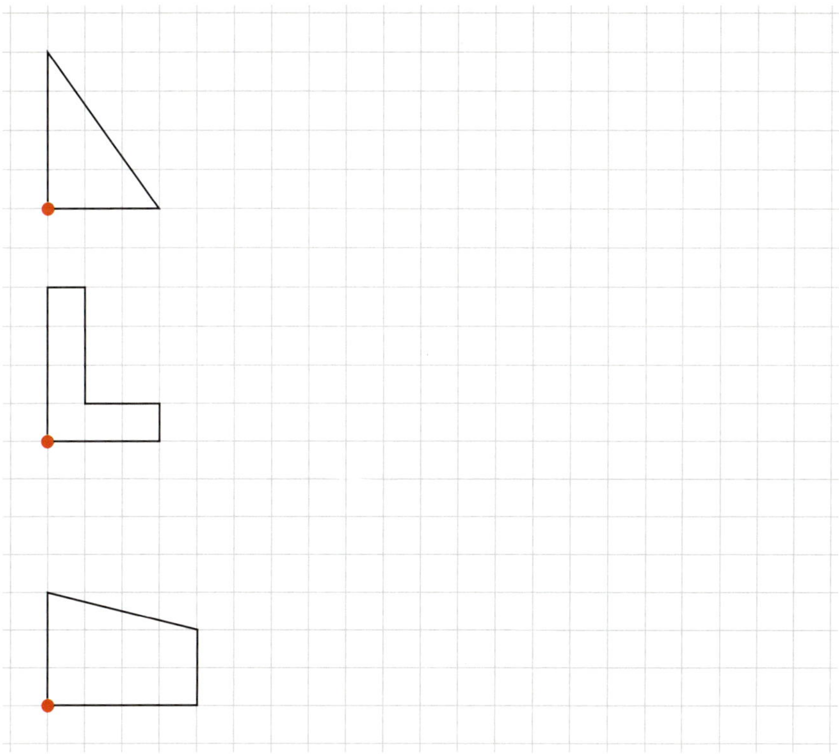

5 Markiere die Symmetrieachse oder den Drehpunkt rot. Achtung: Eine Figur kann auch dreh- **und** spiegelsymmetrisch gleichzeitig sein!

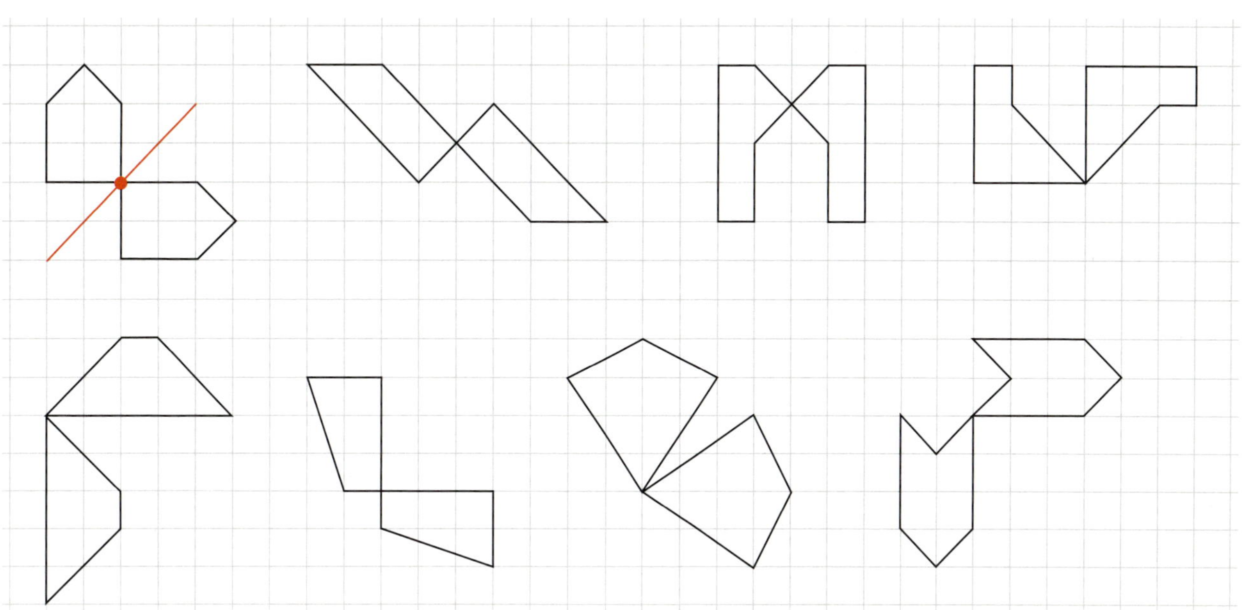

Ist eine Figur verschoben worden, spricht man von einer **Verschiebung**.

Das Häuschen ist um 8 Kästchen nach rechts verschoben worden.

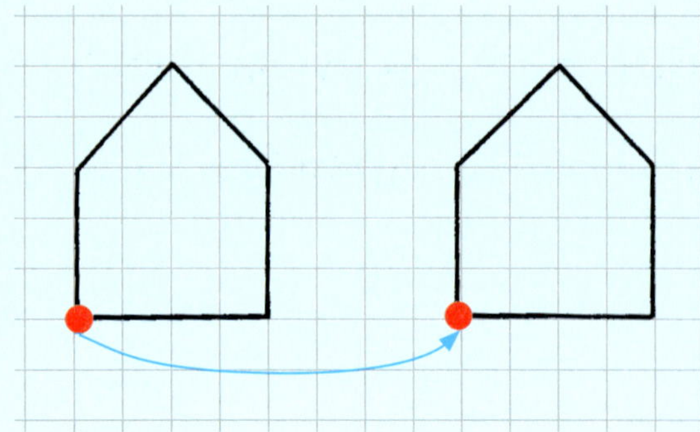

6 Verschiebe die Figuren um 4 Kästchen nach links.

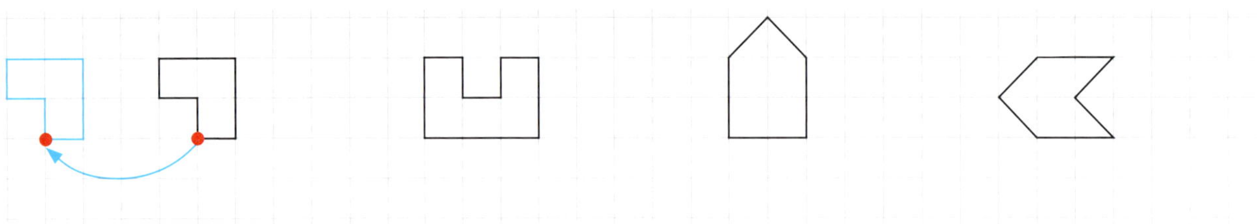

7 Verschiebe die Figuren immer um 2 Kästchen nach unten und 3 Kästchen nach rechts.

8 Wurden die Ausgangsfiguren verschoben, gespiegelt oder gedreht? Trage in die Kästchen ein:
V für Verschiebung **S** für Spiegelung oder **D** für Drehung

Ausgangsfigur:

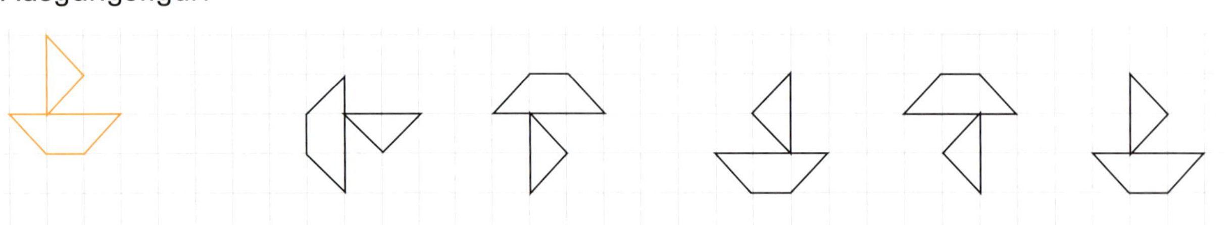

A ☐ B ☐ C ☐ D ☐ E ☐

Bist du fit fürs Gymnasium?

9 Zeichne die Spiegelbilder.

etwa 7 min

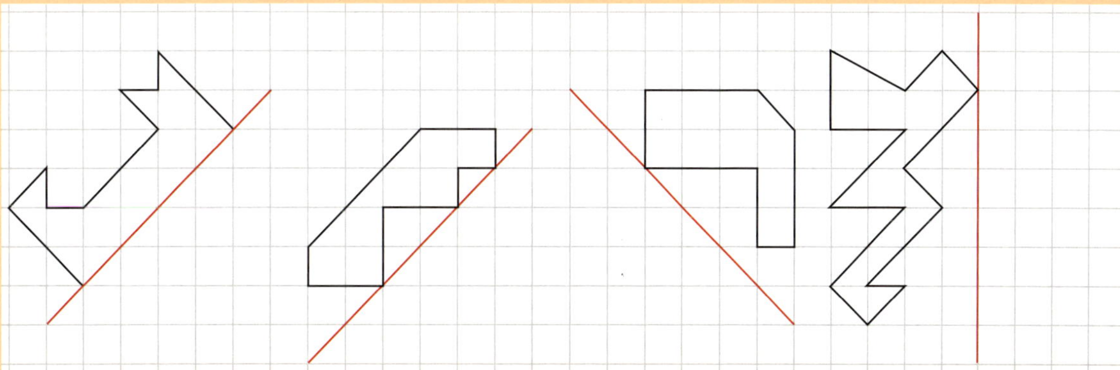

10 Zeichne je drei Drehungen.
Nutze den Tipp von Aufgabe 4 der Seite 123 zur Kontrolle.

etwa 15 min

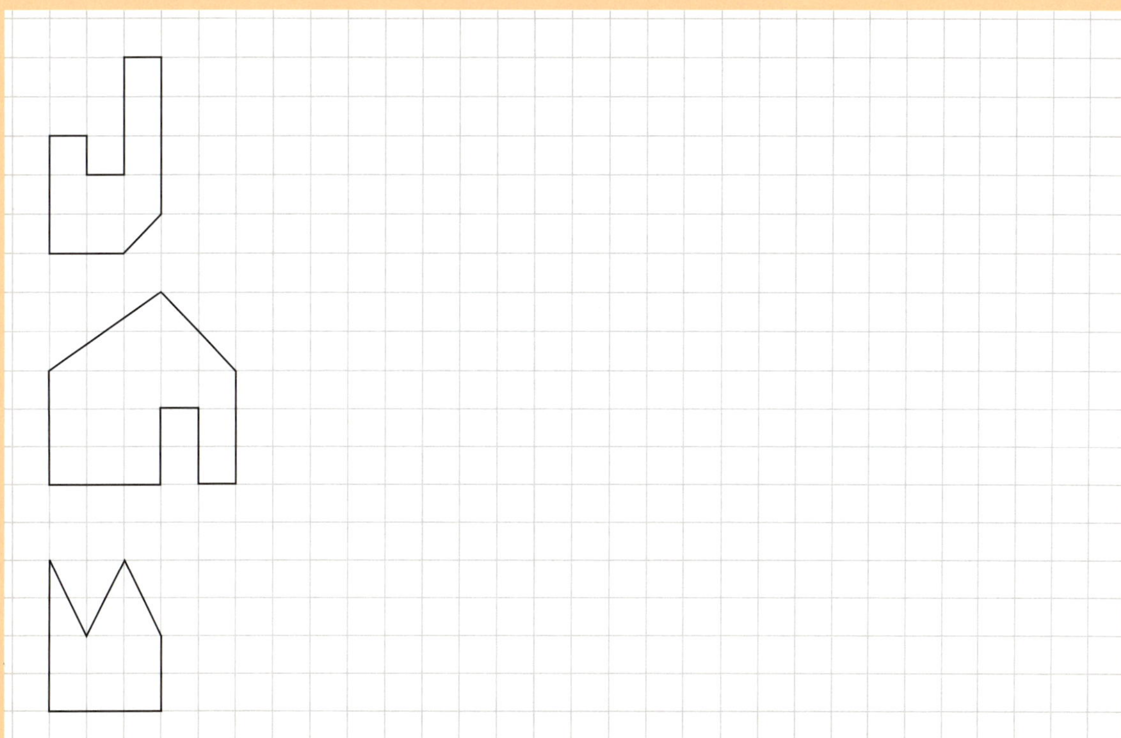

11 Ergänze die Figur drehsymmetrisch.

etwa 5 min

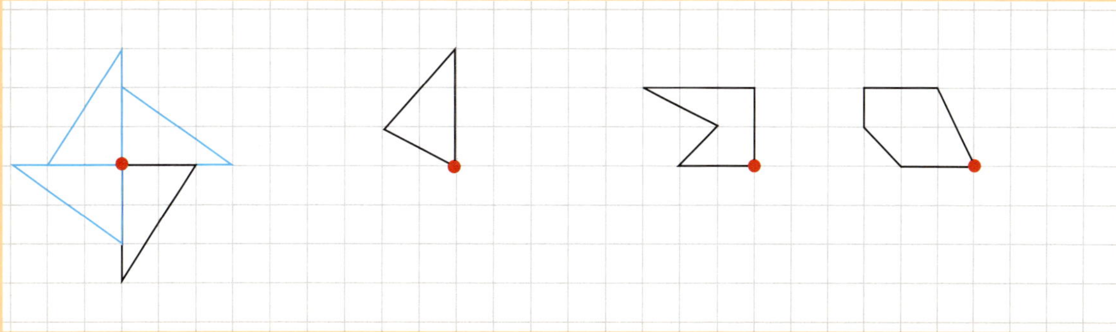

Name:	Klasse:	Datum:

1 Ergänze die fehlenden Würfelaugen.

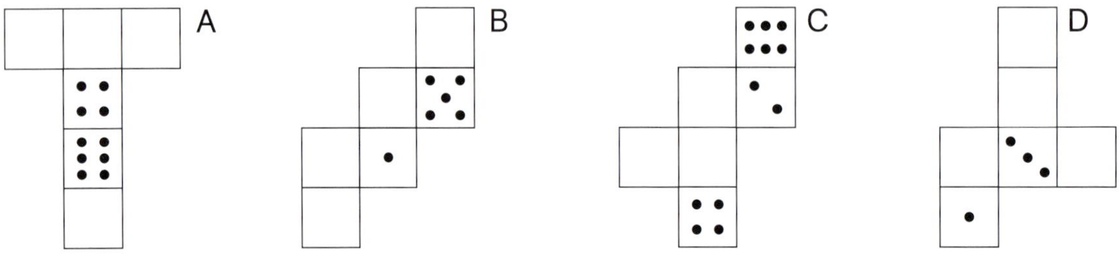

8 P.

2 Berechne die Länge in Wirklichkeit.

Bild	4 cm	25 cm	9 mm	11 mm	7 mm
Maßstab	1:5	5:1	3:1	1:10	1:20
Wirklichkeit					

5 P.

3 Was ist ein Quadrat?

____

____

2 P.

4 Hier siehst du die Skizze eines Gartens. Jedes Kästchen ist in Wirklichkeit 1 m^2 groß. Zeichne den Garten nach den Vorgaben, und berechne die Größe der Flächen, wenn sie nicht angegeben ist.

Die Terrasse ist 3 m lang und 2 m breit. Auf der restlichen Fläche sollen zu drei Vierteln Rasen und zu einem Viertel Blumenbeete entstehen. Zeichne ein.

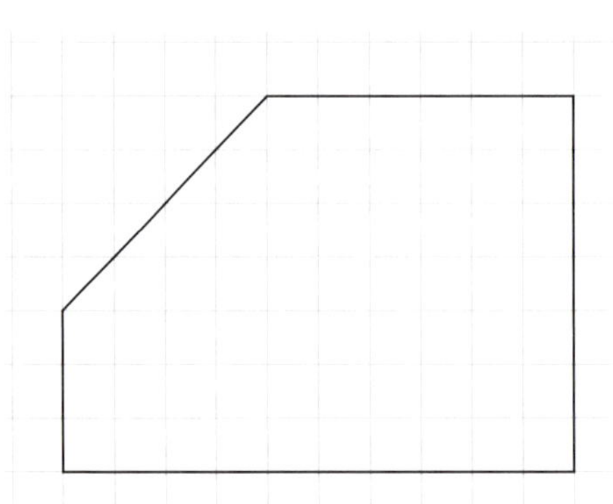

7 P.

5 a) Zeichne einen rechten Winkel.

b) Zeichne eine Strecke von 3 cm.
Zeichne dazu eine senkrechte Gerade.

3 P.

6 Zeichne Kreise um den gleichen Mittelpunkt mit dem jeweils angegebenen Radius.
a) 1 cm   b) 1,8 cm   c) 2 cm

3 P.

7 Zeichne die Spiegelbilder.

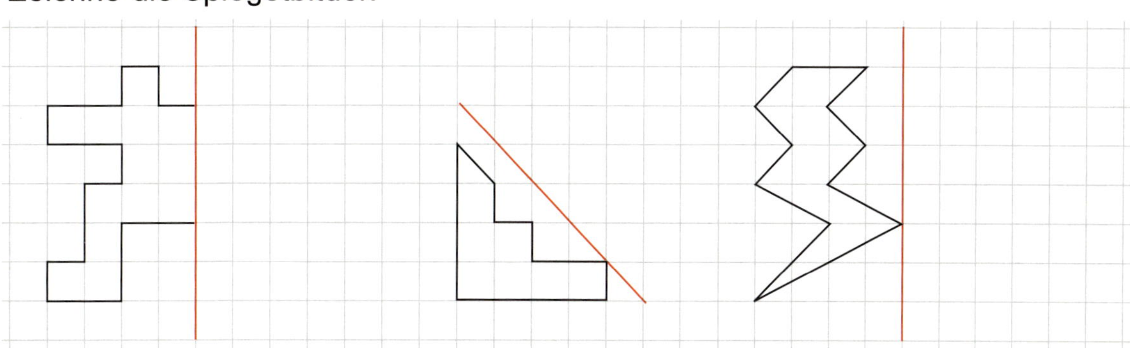

6 P.

8 Zeichne drei Drehungen dieser Figur.

6 P.

In dieser Klassenarbeit habe ich ☐ Punkte von insgesamt 40 Punkten erreicht.
Das entspricht der Note ☐. (Schau in den Lösungen auf Seite 54 nach.)

Ich komme ins Gymnasium!

Die Bausteine für den Weg ins Gymnasium

- kompletter und übersichtlich eingeteilter Lernstoff
- spezielle Aufgaben mit Zeitangaben für künftige Gymnasiasten
- Tests mit Notenschlüssel
- herausnehmbare Lösungen
- separater Elternratgeber

- intensives Üben eines wichtigen Schwerpunktbereiches
- spezielle Aufgaben mit Zeitangaben für künftige Gymnasiasten
- Tests mit Notenschlüssel
- Extraseiten mit Tipps und Tricks
- herausnehmbare Lösungen
- separater Elternratgeber

- 24 herausnehmbare Klassenarbeiten
- alle wichtigen Regeln zum Nachschlagen
- Tipps zur Vorbereitung auf Klassenarbeiten
- Vorlagen für persönliche Leistungskurven
- herausnehmbare Lösungen
- separater Elternratgeber

Erhältlich im Buchhandel.
Weitere Informationen erhalten Sie unter **www.klett.de**

Klett Lernen und Wissen GmbH, Rotebühlstraße 77, 70178 Stuttgart
Telefon 0180 · 255 38 82, Telefax 0180 · 255 38 83

Klett